生息地の環境からリアルな生態を読み解く
爬虫類・両生類の飼育環境のつくり方

誠文堂新光社

CONTENTS

1 ●ビバリウムとは？ …………3

2 ●ビバリウムをつくる …………8

3 ●プロの作例集 …………54

4 ●ビバリウムの住人 …………82

5 ●ビバリウムを彩る植物 …………126

6 ●ビバリウムの基本 …………133

7 ●ビバリウムを見ることができる水族館／専門店 …………159

    21 ◎自然から飼育環境のヒントを得る ―パナマ―

    30 ◎ビバリウムづくりの手法

    70 ◎ヨーロッパのビバリウム

    81 ◎自然から飼育環境のヒントを得る ―スリランカ―

    123 ◎自然から飼育環境のヒントを得る ―日本―

VIVARIUM for Reptiles & Amphibians

What's a Vivarium
ビバリウムとは？

爬虫類や両生類の生息環境は種類によって、実にさまざまです。そこで、飼育する種の故郷に合わせて、環境のセッティングを行います。たとえば、太陽の光の代わりとしてスポットライトや紫外線を含む蛍光管を照射したり、樹上棲種なら植物や枝をレイアウトしたり…。ビバリウムとは、そういった自然環境を再現した飼育空間のことを指します。ジャングルを切り取ってきたかのような飼育ケースをつくるだけではなく、植物も動物も健康に育つような機能性も忘れてはいけません。

植物が順調に生長する環境は、動物にとっても良い環境と言えます。逆に言えば、植物が飼育空間全体のバロメーターの1つとなるのです

アフリカ南部の乾燥した大地を再現。そこに棲むリクガメと植物がレイアウトされています

水は全ての生き物に必要な要素。乾燥した場所で暮らす種でも、池や水場は必ず設置します

全ての生物に必要な水

　爬虫類・両生類を飼育するにあたり、覚えておくべきことはまず第一に水の供給。

　植物は根から水分を吸収し、光合成に利用したり、葉から蒸散放出します。一方、カエルは水を主に皮膚から吸収し、体内で利用して、不要な分を排泄しています。たとえ、乾燥した地域に棲むトカゲであっても生きてゆくためには水が必要。水の乏しい過酷な環境え暮らしていても、各々がさまざまな方法で体内に水分を得て、排泄しているのです。

　そして、動物たちから出た不要な水分は、土にしみ込んだり川に流れて行き、やがて蒸発して雨や霧などに形を変え、再び生物に潤いをもたらします。ビバリウムとは「その動物の生息環境をできるだけ再現した飼育環境」ですから、たとえば屋内の飼育ケースでビバリウムをつくる場合、野生では当たり前のように得られる要素のほとんどが遮断されてしまいます。太陽の光と熱、風、土中の微生物…。その代わりとなるものがビバリウム内には必要なのです。

　収容する爬虫類や両生類、植物にとって、必要な要素は私たちが用意してあげなければ、彼らは生きてゆくことができません。

【自然下】	【ビバリウムでは…】
太陽光	照明器具（蛍光灯や爬虫類用ライト）
太陽熱	保温器具（スポットライトやヒーターなど）
雨	霧吹きやミスティング
川や池	水容器（池）
水流	水中ポンプなど
風	小型のファンなど
土	床材
食べ物	餌（昆虫や人工餌など）
排泄物の分解	掃除や床材内などの土壌バクテリアなど

温度も重要なファクター

　水と同等に重要な要素が温度です。どんなに清潔な水を供給していても、水が凍るような寒さに晒して生きていける爬虫類・両生類はほとんどいません。高温の場合も然り。そのため、飼育動物

What's a Vivarium
ビバリウムとは？

に合った気温または水温を維持できなければ、うまく飼育することができないでしょう。なお、ビバリウムにおいては、要求量（耐えられる値）に多少の幅があるものの、生息環境を合わせたのであれば、爬虫類・両生類も植物もほぼ同じ環境で育成できるはずです。

なお、水と温度以外にも、飼育環境に必要な要素は種類によってさまざまなものがあります。砂に潜らせなければうまく飼育できないものや、食べる餌が限定されるもの、温度が高く乾いた場所が必要なものなどが挙げられます。必要に応じて用意してあげましょう。

ビバリウムを飼う感覚で

ヤドクガエルやカメレオンなどを飼う際によく言われる「環境を飼う」という言葉。これは、ビバリウム全体の調子が良ければ、植物も生体も順調に飼育できるということ。つまり、生き物だけに囚われず、飼育場所を全体的に見て管理すると良いわけです。このほうが「飼育の成否がわかりやすい」という面もあります。極端に痩せたり、動きが悪くなるといった表情がわかりにくい動物であればなおさらのことで、植物が枯れてきたり、普段は田んぼのようないい匂いがしていたのに臭くなってきた、といったビバリウムからのサインを感じることができれば、動物の表情がわかりにくくても、飼育環境が悪化している可能性が高いというバロメーターとなるのです。

環境別の飼育スタイル

カメの飼育方法、トカゲの飼育方法と種別ごとに解説された本などもありますが、環境のセッティングが別のグループでもほぼ同じことがあります。たとえば、湿潤な森で暮らす生き物は、生息する場所が違う大陸でも、飼育環境づくりはほぼ同じ。南米に暮らすヤドクガエルのビバリウムで、マダガスカルのヘラオヤモリを同居させていたり、アフリカ大陸が原産のジャクソンカメレオンと東南アジアに棲むモリドラゴンの仲間を同じような環境設定で飼っている例があります。飼育

モリアオガエルは池の上に泡巣を作って卵を産みつけ、オタマジャクシは下の池に落ちて成長します。水は繁殖するうえでも大切なのです

乾燥した草原に棲むソバージュネコメガエル。自ら分泌したワックスを体に塗りたくって、水分の蒸発を極力抑えているカエルです

動物の種類ではなく、環境づくりから飼育を考えてゆく。これは大半の爬虫類・両生類飼育に当てはまることです。また、植物選びについても同じようなことが言えるでしょう。

次に、爬虫類・両生類が暮らす環境を大きく4つに分けて紹介していきます。

森の中には明暗や茂み、開けた場所などがあります。近くの林に出かけ、よく観察すると飼育環境づくりに役立つヒントを得られるでしょう

アリ塚に止まるイロカエカロテス（スリランカにて）。しっかりと掴まることのできる場所をビバリウム内に設置します

乾いた岩場に棲むヒメトゲオイワトカゲ。岩場を組み合わせたビバリウムを用意すると落ち着きやすいです

熱帯雨林の環境

　スコールのあるジャングルを想像してみてください。植物が生い茂り、乾季・雨季があっても、森の中はある程度の湿度がある環境です。スコールが降ると、林床はビチャビチャになりますが、開けた場所や樹上の陽の当たる箇所は乾燥する時間帯があったり、湿度が高いけれども、通気性の高い環境です。植物の葉の間や木の洞、日陰などにはいつも清潔な水がたたえられて、動物たちも水に困るようなことはほとんどありません。この環境づくりで苦労する点は「通気性」の確保です。ヤドクガエルのビバリウムでは、網蓋が使われていたり、上面（蓋）の一部と前面がパンチング状になっていて、目には見えないけれども、空気の流れがある飼育ケースが用いられています。また、できるだけ広いケースを使ったり、側面がメッシュ状の専用ケースを使うことで、飼育スペースの通気を確保します。湿度を保持するには、土を多めに入れて植物をふんだんに植え込んだり、広い水場を用いるほか、ミスティングや霧吹きを利用するなどの方法があります。また、薄暗い林床に棲むものは、あまり強い光を好まないことが多く、逆に木々の上方を主な生活場所としている種類は、昼夜の温度差がより大きく、紫外線を含む蛍光管を設置したほうが良いでしょう。

乾燥地帯の環境

　砂漠や砂礫地帯にも多くの爬虫類が暮らしています。日中の強烈な日射しを避けるため、昼間は地中に穴を掘って暑さを避けたり、岩陰などでやり過ごしたりするような過酷な環境です。降雨が少ないとはいっても、水は摂取しており、朝露などから飲み水を得ていたり、餌動物の水分を頼りにしている種類もいます。こういった地域は植生もまばらで、ビバリウムに植物をレイアウトするには不向きな点が多いのですが、乾燥地帯に適応したエキゾチックな容姿をした多肉植物やサボテンなどを選んで植え込んでいる愛好家もいます。いずれにしても、水容器は設置しておきましょう。

半乾燥地帯の環境

　日本のような四季がある温帯に暮らす爬虫類・両生類の生息環境は、ビバリウムもつくりやすいうえ、頑健な種が多いと言えます。野生下では冬眠をする種類も多く含まれますが、飼育下では冬

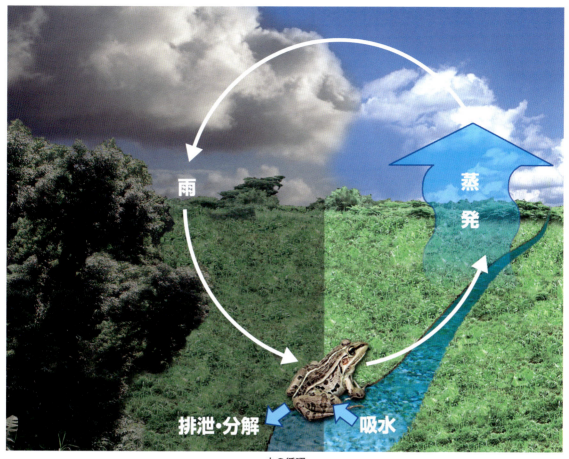

水の循環

期も加温したほうが良い結果が出ています。ビバリウム内には、湿った場所と乾いた場所、明るい場所と暗い場所など、温度や光の勾配を付けると良いでしょう。

河川や池、沼の環境

　熱帯魚水槽も、水中の景観を再現しているという意味でビバリウムの1つです。爬虫類・両生類にも水中で暮らすものはたくさんいます。しかし、熱帯魚と違って、植物を植え込むと、痛めたり、根ごと引っこ抜かれてしまうことや、植物を餌として食べられてしまうことがほとんどなので、水草レイアウト水槽には爬虫類・両生類は不向きです。また、蓋をしないと脱走されることもあるので、水草水槽と相性の良い爬虫類・両生類は限定されています。ニオイガメなど小型の水棲ガメや

その仔ガメ、イモリやサンショウウオの仲間、カエルでも小型種などが向いています。

　水は特に清潔にしておくことが大切です。自然下の水は、糞をしてもすぐに流されてゆくし、浄化されます。水槽内では、飼育水が飲み水も兼ねることになるので、フィルターを設置したり、まめに水を交換するようにしましょう。水温の管理は、観賞魚用の水中ヒーターとサーモスタットを用意すれば簡単に調整できます。

　半水棲種の環境設定のポイントは、水温と気温に極端な差を付けないこと。冬場など、水中はヒーターで保温して温かいのに、陸場の空気は冷たいのでは、生き物も調子を崩してしまうことが多いでしょう。陸場、水中共にしっかりと保温器具を設置するか、エアコンを使って温度管理を行います。

ビバリウムをつくる
イモリが遊ぶ沢のパルダリウム

パルダリウムとは、植物主体のレイアウトを楽しむビバリウムのこと。カエルやイモリなどがいてもいなくても、植物をふんだんにあしらったものであればパルダリウムです。オープンタイプのケースから木々や植物がはみ出てくるように配置されたり、小さなガラス瓶などで苔やシダを組み合わせたりとさまざまなパルダリウムが人気。ここでは、爬虫類・両生類の飼育環境ということで、植物の育成を考えつつ、生き物が飼えるようなパルダリウムを紹介します。テーマは「イモリが遊ぶ沢」。右側に滝、左に小さな丘。真ん中はオープンスペースとなるイメージです。

パルダリウム作成の基本を順を追って紹介してゆきます。セット後、時間の経過とともに植物が生長し、明暗の場所が変化します。そういった変わりゆく条件の中では、うまく馴染めなかった植物も出てくるでしょう。そこで、新たに手を加えてみたり、住人となる生き物の様子も鑑みながら、随時、セッティングを更新していくのもパルダリウム飼育の大きな楽しみです。胞子が紛れ込んでいたりして、いつの間にかシダが茂ってくるなど、日々変化を楽しむことができます。

つくり方

1 最初に、ケースの置き場所を決めます。今回はパルダリウム用ケース（60×30×45h cm）を使用。製作しやすいように前面のガラス扉を外しておきます。

3 背面は、パルダリウム用の製品（EpiWeb）を使うことにしました。リサイクル用のプラスティック素材で、水切れが良く、加工しやすいのが特徴。苔の活着もしやすく、水分を含むと岩肌のような色合いになって全体の雰囲気がぐっと増します。

4 背面に合わせてカットし、仮止めしてサイズを微調整します。

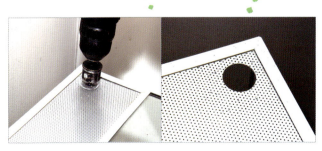

2 電動ドライバーにホルソー（電動ドライバーなどに取り付けて穴をあける切削ビット）を付けて、天板のパンチボードを穴あけ加工し、水中ポンプのコードを通す穴をつくります。穴の直径は25mm。

5 シリコン剤でケース背面に接着。シリコン剤やシリコンガンはホームセンターなどで入手できます。

6 ケースの排水口には、小さくカットしたネット（鉢底網など）をかぶせ、砂の流出を防止します。

7 次に、滝の土台づくり。水中フィルターの周囲をEpiWebで囲い、ポンプルームをつくることにしました。ホースの排水口にはプラコップを加工して受け皿をつくり、ここにホースを接続。置き場所やホースの長さなど仮置きしながら微調整すると良いでしょう。

8 微調整が済んだら、いよいよ接着。フィルターに内径12mm／外径16mmのホースを繋げて、揚水するシステムです。ポンプルームはしっかりとグルーガンで接着。ガラス面の固定にはシリコン剤を使用。

9 EpiWebのブランチタイプを半分に引き裂いて、細い枝に加工。こういった作業も簡単に行える使い勝手の良いパルダリウム用品です。滝の周囲にこれを配置することで、奥まったところに見える滝と、水しぶきの緩和が狙い。

10 溶岩石をグルーガンで接着。軽くて、表面の凹凸がはげしい溶岩石は、EpiWebと相性抜群。

11 岩はガラス底に直接置かず、間に EpiWeb を敷くことで、よりしっかりと固定できます。

12 滝の水が出る部分にも蓋をするように溶岩石を配置。ホースや受け皿が見えにくいように意識しました。

13 左側に小高い丘、右に滝。中央はオープンスペースができるようなレイアウトになりました。これでベース部分が完成。8時間から一日ほど置いて、シリコン剤を乾かします。シリコン剤が固まったら、水を入れてポンプの試運転をし、流れを確認しておきましょう。

14 これは HYGROLON という吸水性の高いパルダリウム用シート。ナイロンファイバー素材。水が届きにくいところまで湿気を運んでくれる便利グッズで、グルーガンで接着できます。今回は霧吹きを行うことで、水分を補給することに。苔や植物を配置する箇所に置いてゆきます。なお、今回のように霧吹きで水分補給をするのでなければ、背面上部に配管して全体的に水の流れが行き渡るようにするか、ミスティングシステムを採用すれば良いでしょう。

15 苔を用意します。パックから取り出して広げ、不要な部分をカット。

11

16 固定はパルダリウム専用のピンが便利。背面上部には丈夫で育成しやすいツヤゴケを配置。ツヤゴケ以外では、シノブゴケやハイゴケなどでも良いでしょう。

17 ハイゴケはこんもりと生長し、ツヤゴケよりも立体感が出てくるので、背面の下側に配置してレイアウトに変化を設けました。

18 隙間をツヤゴケで埋めていきます。滝壺の奥にはウィローモスを。滝の周辺にはワンポイント的にタマゴケを配置しました。

19 カタヒバも良いアクセントとなりました。

20 次に、シダ類とその他の植物の植え込み。同様に、パルダリウム専用のピンで固定していきます。滝の上にはホソバイノモトソウを。コケモモイタビはツル性植物でパルダリウムでも使いやすく、生長するとこんもりとしてきます。水耕栽培で育てられたマツが存在感を放っています。

12

21 　全体的に霧吹きをして落ち着かせます。同じ緑でも濃淡ができました。

23 　ここで、いったんゴミごと水を排水。

22 　土台と植栽が完了。後は、砂と水を入れ、蛍光灯とファンを設置するだけです。

24 　砂は観賞魚用底床（礫）を洗ってから投入していきます。

25 　再び水を入れて、ガラス扉を設置。ガラス面が湿気で曇らないよう、上部に小型のファンを設置します。ケース内から外部へ排気するような流れです。コンセント穴の隙間を塞げば完成！　環境が落ち着いたら住人であるイモリを入れます。

ビバリウムをつくる・ヤドクガエル

生息環境を再現したビバリウムと聞いて、ヤドクガエルのそれを思い浮かべる人も多いことでしょう。彼らの体色である警告色は、ほとんどの種で派手な原色。たくさんの緑の中を行ったり来たりして、とてもよく似合う住人です。現在は、餌となる極小昆虫の入手も容易になり、排水パイプやミスティングノズルの取り付け口が備わった専用ケースも市販され、最も飼育しやすいカエルの1つとなっています。繁殖を狙ったヤドクガエルのビバリウムを紹介します。

ヤドクガエルの故郷、パナマの風景。カエルにとって水は大切なもの。小川や水たまりの代わりに水容器をビバリウム内に設置します

イミテーターヤドクガエル。小型種であれば、上のビバリウムでも十分に飼育・繁殖を楽しめます

マダラヤドクガエル"マイクロスポット"。陽気な性格をしたモルフです

セアカヤドクガエル。緑主体の環境にはやはり強烈な赤が映えます。体は小さくとも、その存在感は抜群

つくり方

1 専用ケース（自然通気式／32×32×32h cm）の背面と両側面に炭化コルク板（厚さを半分に切ったもの。大きさも背面に合わせて切断）をシリコン剤で接着します。

2 コルク片もシリコン剤で接着。十分に乾燥させてから次の作業に。

3 排水パイプの詰まりを防止するため、鉢底ネットでカバー。

4 床材の水はけをよくするため、水洗いした軽石を入れます。

5 軽石の上に土を敷きます。使用したのは肥料の入っていない土。

6 炭片を土の中に埋めておけば匂いの吸着効果や浄化作用が期待できます。

7 炭片を並べてスレート石を載せ、隠れ家づくり。

8 隠れ家はマンションのように階層を設けることにしました。

9 炭とスレート石は接着せずに重ねて置きます。安定していれば載せるだけで十分。

10 左奥がマンション型シェルター。3階のフィルムケースは産卵場所として。

11 池は必須。水入れはメンテナンスしやすいよう手前に配置することに。

ビバリウムをつくる
ヤドクガエル

12 苔を敷き詰めると雰囲気がだいぶ変わってきます。水容器はレイアウトにより、置き場所を随時変更。

13 枝に絡まってくれることを期待して、サトイモ科のツル植物を配置。

14 2階に産卵場所（皿）を置きました。

15 マンションの上にコルクで挟みこんだのはフィロデンドロン・スカンデンス。植物を植え込む際は、伸長した姿を想像しながら行うのがコツの1つ。

16 スコールの代わりとなる霧はこのミスティングノズルから。専用ケースには取り付け穴が備わっているものもあります。

18 ミスティングシステムを稼動。うまく稼動するかどうか、ノズルの角度などを調整します。なお、撮影のため、前面のスライド扉は外してあります。

17 各所に、苔類やありあわせの植物（裏庭から採取してきたり、植物の鉢に生えていたものでもOK）をレイアウト。生長条件が合っていれば、ビバリウムでも茂ってくれるかもしれません。

19 完成！ ヤドクガエルが繁殖する目的でつくったビバリウム。スレート石の破片でマンションに扉をつけました。このビバリウムなら、小型種なら5匹程度、中型種で1ペアが収容できます。

ビバリウムをつくる・ヤドクガエル②

同じくヤドクガエル用のビバリウムです。先に紹介した水槽を用いて、違うイメージのビバリウムをつくってみました。メインとなる大きな要素に枝流木を選び、それを中心に構成したビバリウム。植物の生長を考慮し、セッティング時は少なめに植え込むこともポイントです。レイアウトのコツとしてもう１つ挙げられることは、「最初から決めてかからないこと」。制作途中でもつくった後でも随時変更は可能。ビバリウムは、時間の経過と共にさまざまな表情を見せてくれるからです。

パナマの風景。地面を転がる岩は苔に覆われています。倒れた木や枝の陰、岩の隙間、植物の茂み。それらはヤドクガエルたちの格好のシェルターでもあり、繁殖場所でもあるのです

植物や苔は、植え込んでいないのに勝手に生えてくるというサプライズも

植物をトリミングしていないビバリウム。カットするかどうかは管理するあなたの自由です

アデガエルの仲間も同じような環境で飼育できます

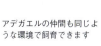

シダはよく生えてくる植物の1つ。逆に、植え込んだほうが枯れてしまうケースが多いようです

つくり方

1 バックに炭化コルク板を、壁にコルク片をシリコンで接着して乾燥させた後、軽石を入れます。

2 メインの枝流木を置きます。植物を植え込んだことを想定しながら、いろいろな角度や場所に置いてみましょう。

3 植物を配置。オリヅルランの仲間やフィカス、ヒユを使いました。根は土の中に植え、壁やコルクを伝うイメージです。

4 枝やコルクを伝うことを期待して、誘導するように絡ませます。茎の節々の根で活着する性質を利用します。

5 固定したい箇所には盆栽用のクリップなどを使います。枯れることも想定し、フィカスとヒユの両方を植えました。

6 全体のバランスや植物の生長を考え、植物の位置などを整えます。空いたスペースに苔を置き、水容器を設置。

7 ミスティングノズルをセットし、稼動させたところ。最後に、ノズルの角度を調整すれば、完成です。

自然から飼育環境の ヒント を得る
……パナマ……

ヤドクガエルの棲むパナマの光景。いずれも切り取ってビバリウムにしたい環境ばかりです

ジャングルから流れる滝。水量の多さに、森の土壌に多くの水が貯えられていることが伺えます

森の中の様子。大きな枯れ葉は地上棲のヤドクガエルたちにとって、良い産卵場所として使われています

ジャングルを流れるせせらぎ。こういった水場のそばでカエルたちは暮らしています

ジャングルの中の小川のゆるやかな流れ。こういった清潔な水を常に飼育環境にも提供したいところ

水上にせり出した1つの枝に、たくさんのブロメリアが着生した光景

ビバリウムをつくる
源流の清水ビバリウム

山紫水明、という言葉があるように、日本は誇るべき自然がある国です。古くからの森林伐採や近年の環境破壊・開発も大きなダメージですが、この狭い島国には険しく美しい山々と、ブナ林などの自然林がまだまだ残されており、そこからしみ出す水はたいへんきれいなものです。

川のはじまり。とある山の山頂付近の様子です。ブナ林が広がり、林床からは清水が生まれ、やがて大きな川へと繋がってゆきます。そのような場所に暮らすサンショウウオは飼育対象とはなりにくい両生類ですが、日本を代表する生き物と言える生き物です

つくり方

1 最初に、全体のイメージをできるだけ具体的に膨らませます。左奥上方から水が滴り、手前中央に向けて清水が続いてゆく、そんな情景にしました。右側は開けた場所に。まず、水中ポンプをセットし、軽石や鉢底石で地形の土台をつくります。ネットに入れているのは、できるだけ重量を軽くしたいのと、軽石がわりと水に浮く傾向があるため。

2 側面から軽石の入ったネットを隠すため、カットしたココヤシシートを挟み込み、残りも全体にかぶせました。足りない分は濾過マットで補充します。ココヤシシートでなくても、植える君やEpiWebでもかまいません。

3 水の流れを考えながら流木を選び、仮置きします。今回はこの上を流れが伝う具合に。水を入れてイメージどおりに流れていくか稼働確認。周囲に岩を置いて、流木を安定させます。

4 全体的にシノブゴケやハイゴケを敷き、隙間を埋めます。特にポンプの中や軽石ネットの隙間などへ生き物が入り込まないよう、しっかりと。場合によっては鉢底ネットなどを利用しても良いでしょう。

5 植物はできるだけ土を落とさないようにし、土ごと根を苔で覆い、そのまま植え込みます。イワヒバやヤノネシダ、イワヒトデなどを配しました。

6 苔やシダなどをどんどん植え込んでいきます。

イワヒバ　　　イワヒトデ　　　タマゴケ　　　コクラン

7 落葉や枯れ枝を無造作にばらまきますが、本来は入れないほうがいいものです。メンテナンス時に枯れた植物を取り除くのに、あえて入れたのは雰囲気づくりのため。苔の上ではなく、手前の岩場の上へ最低限まぶしました。収容する生き物にとっては良いシェルターともなります。

8 これで完成！　住人は渓流に暮らす生き物が似合うでしょうか。外国産サンショウウオの仲間や日本のタゴガエル、小型の樹上棲カエルがマッチしそうです。植物は育成状況を見てトリミングしたり、自由に追加してみてください。

ビバリウムをつくる
アルミフレームで好みのサイズに

手間はかかりますが、ビバリウムをケースからつくりあげる愛好家もたくさんいます。製作過程も楽しいもの。自分にとって使い勝手の良い自作ケースもお薦めのやりかたです。

DATA
ケース 自作／120×60×55(h)cm
材　料 アルミフレーム、上面と前面部分はキャストアクリル板、底面および側面、背面は押し出しアクリル板
濾　過 排水パイプ＋ミスティング（給水）
床　材 軽石（最下層）＋腐葉土／ピートモス／黒土／鹿沼土
照　明 熱帯魚用蛍光灯40W×4本
住　人 コバルトヤドクガエル×1匹
植　物 スナゴケ／ハイゴケ／マンネンゴケ／ヒノキゴケ／スギゴケ／シダ数種／ラン数種
経　過 セットしてから6カ月経過
コンセプト
　　　 手前に広い空間を持つ120cm以上のサイズのビバリウムを、1人で製作すること
メンテナンス
　　　 1日に5回、1回に5分間ミスティングが稼動（サーモスタットで管理）

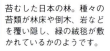

苔むした日本の林。種々の苔類が林床や倒木、岩などを覆い隠し、緑の絨毯が敷かれているかのようです。

セットしてから約6カ月経過した状態。シダが繁茂し、鬱蒼とした雰囲気のビバリウムになりました

つくり方

1 アルミフレームで骨組みを作り、シリコンでアクリルを押し出して板を貼り付け、ケースにします。

2 内部に出っ張る分、前板の角を削っておきます。前面は、見映えを意識して上げ底に。

3 前面部の製作。アクリル同士なので簡単に接着します。続いて、シーリングのためのマスキング。

4 アルミフレームは露出していて問題ありませんが、今回は埋めてしまうことにしました。

5 翌日、シーリングが固まったら、前面吸気口の製作。アルミレールをシリコンで固定します。

6 アルミパンチングボードを、適したサイズにカット。端はヤスリをかけて滑らかにします。

9 アルミパンチングボードをシリコンで接着。出てきた部分は、固まった後でカッターで処理します。

8 上レールをシリコンで接着。クランプはいろいろな場面で活躍するので、複数用意しておきます。

7 角は、フレームにちょうど良いようにヤスリで削り出します。カットだけでは出せない精度が出ます。

10 次は内装作業です。ちなみに、蛍光灯の当たる上面にはキャスト板のアクリルを使用しています。

11 側面との接触部を、シリコンで埋めました。見映えもありますが、水滴対策の意味合いが大きいです。

12 排水口です。ホールソーで穴を開け、ノガバーで断面を滑らかに処理します。

13 ケースをひっくり返したりできるうちに、内装を作り込みましょう。コルクとウレタンの出番です。

14 ソイルやセラミスを各面にいろいろ塗りつけてみました。シリコンはブラウン色を使います。

17 ガラス戸をはめ込んでみました。中をよく見られるよう、中央が長い三枚仕立てに。

15 内装が完成したら、いよいよ底面に排水パイプを接着。あとで剥がせるようにシリコンです。

18 底面フィルターの裏から、流木をネジ止めします。こうでもしないと、直立は難しいからです。位置を決めたら、軽石を敷き詰めます。

16 パイプとの接着とは別に、板からパイプの中へスムーズに水が入るよう、段差が斜めになるようシリコンで埋めました。

19 土は好みで調合すれば良いでしょう。写真は、黒土、鹿沼土、ピートモス、赤玉土、腐葉土。

20 土を入れたら、苔や植物を敷いたり植えたりして、完成。生長して広がるのを1年ぐらい待ちましょう。

29

ビバリウムづくりの手法①

発泡ウレタンと植木鉢を使って壁面を活用する

1 貼り付かないポリプロピレン製のものを作業場とし、剥がしやすいよう、霧吹きで軽く濡らします。

2 一面に薄く吹き付け、板のようにしたところに、ポットを軽く押し付けてくっつけます。

3 少しずらして、上のポットの水抜き穴が、下のポットに重なるようにしています。

4 平行して、内装を進めます。充填したウレタンが固定してくれるので、コルクは仮止めで十分です。

5 ウレタンは膨らむため、水抜き穴が埋まってしまわないよう、丸めた紙を差し入れておきます。

6 24時間後、膨らんで固まったら剥がせます。膨らむことを考慮し、ウレタンは吹き付けましょう。

7 ブラウンなど色つきのシリコンを、ウレタンが露出しないよう満遍なく表面に塗っていきます。

8 ソイルやセラミスなど、付着させたいものを好みでふりかけ、軽く表面を押してくっつけます。

9 重量があるので、ケース自体を傾けるか、治具で固定して、しっかりと壁面に貼り付けましょう。

10 同じ要領で、壁面にも砂礫をくっつけました。植物や苔が覆えば、自然な風合いに仕上がります。

ビバリウムづくりの手法②

発泡ウレタンの陸地／専用スポンジで地形を形成 etc.

【溶岩をイメージした陸場づくり】
①排水パイプが目詰まりしないようネットで覆います②③塩ビ板に発泡ウレタンを吹き付けて、ラッカースプレーで塗装④この陸地をセットし、大きな材料から場所を決めていきます⑤土を入れて完成。陸場にピートモスをシリコンで接着しても雰囲気が出ます。

【ヘゴを使ったビバリウム】
専門店に展示してある巨大なビバリウムです。ヘゴ板やヘゴ棒を使って階層が設けられ、空間を有効に活用。枝はガラス面に黒いシリコン剤を使って固定してあります。

【専用スポンジで地形をつくる】
①②レプティスポンジは手で簡単に引きちぎれ地形づくりに便利です③滝を流すための水中ポンプをスポンジで隠したところ④中層に池を置くことに⑤揚水された流れは筒状のコルクへ⑥土台は完了。あとは好みにレイアウトするだけです。

ビバリウムをつくる
カナヘビが遊ぶ草地のビバリウム

非常に尾が長く、細長い体型をしたミナミカナヘビは、草むらなどで暮らす樹上生活者。日本にもアオカナヘビなど同じような生活を送る種類もいて同様の環境設定で飼育できます。草地をイメージし、枝流木を使って立体活動ができるようなビバリウムを用意してあげると、その細長い体型を活かして、枝の上や葉上を巧みに行動する様子が観察できます。なお、ニホンカナヘビの場合は樹上棲傾向がやや低いので、オープンなスペースをもう少しとってやると良いでしょう。

DATA カナヘビが遊ぶ草地ビバリウム
- ケース　爬虫類用ケース／120×60×55(h)cm
- 材　料　山谷石(ADA)／ブランチウッド(ADA)／チューブコルク／レプタイルボード
- 床　材　爬虫類用床材／極床(樹皮を粉砕したもの)
- 照　明　爬虫類用蛍光管13W／スポットライト25W
- 住　人　ミナミカナヘビ×4
- 植　物　水草(ADAの侘び草)etc.
- その他　草地をイメージし、立体活動ができるようレイアウト

サキシマカナヘビと出会った西表島の林床

つくり方

1 立体活動を行うため高さのある爬虫類用ケース（30×30×45h cm）を準備。

2 背景づくり。「レプタイルボード」を背面に合わせてカット。

3 バリが出るので、内寸よりわずかに小さくカットするのがコツ。

4 熱で樹脂を溶かすグルーガンで接着。すぐに固まるので便利。

5 背景の完成。トカゲの爪がかかるので、行動範囲が広がります。

33

6 筒状のコルク（チューブコルク）を適度な長さにノコギリで切断。

7 後から入る材料を考えつつ、メインのブランチウッドを仮り置きします。

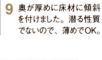

8 木の樹皮を粉砕した床材（極床）／爬虫類用床材を敷きつめます。

10 先に切断したコルクに湿らせた水苔を詰め、水草（水上葉）を入れたところ。

9 奥が厚めに床材に傾斜を付けました。潜る性質でないので、薄めでOK。

11 バックに流木と岩を配置。岩はやや埋めて安定。植物を入れて、いよいよトカゲを収容してみました。

12 トカゲものびのびと活動し、後は植物の生長がどうなるか経過を見守りたいところ。高い位置に植物を植えたいけれど、トカゲの様子を見ながらレイアウトを調整していく予定です。

【ほぼ同様の飼育環境で飼える爬虫類・両生類】

ノコヘリカンムリトカゲ。同じような体型をしています

アオカナヘビ。全身が緑色の沖縄に棲む美しいカナヘビです

オキナワキノボリトカゲ。太めの枝を設置するとベター

ハナナガムチヘビ。非常に細長く、ツル植物のような姿

ニホンアマガエル。ビバリウム内には植物をふんだんに配します

ホエアマガエル。個体に見合った枝を入れると良いでしょう

ビバリウムをつくる・荒廃した砂漠をクレイパウダーで

爬虫類・両生類用の製品は、以前はホームセンターなどで園芸用の製品を流用できないものか探しに行ったり、観賞魚用の製品などが数多く使われていたものですが、現在は専用のものが幅広く市販されていて、今回紹介するようなクレイパウダーという造型グッズも店頭に並んでいます。これは砂を固めて岩場などを再現するもので、水と専用の砂を混ぜてこねることで、粘土細工のように思いどおりに製作することができる便利なもの。爬虫類専門店などで入手できます。

DATA　荒廃した砂漠をクレイパウダーで

- ケース　爬虫類用ケース／30×30×30(h)cm
- 材料　クレイパウダー(ナミバテラ)／枝／水容器
- 床材　爬虫類用の砂
- 住人　ストケスイワトカゲ
- その他　荒廃した砂漠をイメージして製作

つくり方

1 クレイパウダーを準備。専用の砂と水を混ぜていきます。

2 イワトカゲが爪でカリカリ引っ掻くと巣穴が掘れる固さに調整。

3 ケースは使い勝手の良い爬虫類用ケースを選びました。

4 先に準備したクレイパウダーを背面に塗ってゆきます。

5 上部のコード穴の部分まで埋めないよう注意します。

6 背面が塗り終わったところ。余りを使い岩場を製作することに。

7 岩で階層をつくるイメージで1枚ずつ奥から作ってゆきます。

8 実際にトカゲがバスキングしたり隠れる様子をイメージしながら。

9 岩場ができあがったら、爬虫類用の細かい砂を注ぎ込むように入れます。

10 砂を全体に行き渡るようにならします。

11 一番奥、ケースを起こした時に地面の奥になる場所にシェルターを設置。

13 プレート状の大小の岩場ができあがりました。

12 ケースを起こして、さらに砂を追加していきます。

14 荒廃した砂漠がイメージなので、無造作に枝をばらまきました。

15 砂漠のレイアウトでも水場は必要。メンテナンスを考え、手前にセット。

16 照明器具やスポットライトをセットして完成。

17 岩場の下は薄暗く、ケース内に明暗ができました。

【ほぼ同様の飼育環境で飼える爬虫類・両生類】

アルマジロトカゲ

ヒメトゲオイワトカゲ

トウブクビワトカゲ

ウミベイワバトカゲ

カスリカタトカゲ

ビバリウムをつくる
大小の岩を組み合わせて砂礫地帯を演出

ゴツゴツした岩が形成する場所は、隠れ場所もたくさんあって、いろいろな爬虫類が暮らす環境です。岩場や砂礫地帯など、砂漠に近い環境とも言えます。大小の岩を組み合わせてビバリウムを作ってゆきますが、一番のポイントは「崩れないこと」。できるだけ安定した組み方をして、岩の上から砂を入れてゆくと崩れにくくなります。また、岩を整然と並べるのではなく、無造作に置いてゆくとより自然な印象に。似合う植物は、サボテンなどの多肉植物。トカゲ向きのビバリウムなので、乗っても倒されないよう、生き物の往来が少ないような岩の上などに配すると良いでしょう。

DATA　大小の岩を組み合わせて砂礫地帯を演出

ケース　爬虫類用ケース／45×45×45(h)cm
材料　岩（観賞魚用に市販されているもの）／流木／コルクボード etc.
床材　爬虫類用の床材
住人　フトアゴヒゲトカゲ
その他　岩場をイメージしたビバリウム

つくり方

1 背面に合わせて切ったコルクボードをアクリル剤で接着。

2 安定するように岩を組みます。手前はオープンスペース。

3 岩の隙間を埋めるよう床材を入れます。青っぽい岩が土色に。

4 刷毛で岩の上の土をならし、さらに隙間を埋めていきます。

5 土の色でより自然っぽい岩場の雰囲気が出てきました。

6 明るい色の流木を置くことでレイアウトに変化ができます。

8 完成。植物が食べられたり抜かれるようなら後で変更します。

7 アクセントとして多肉植物をいくつか配置してみました。

9 ここに似合いそうなフトアゴヒゲトカゲの幼体たちを入れてみました。

41

ビバリウムをつくる
近くの石垣を切り取って

毎朝、通る通勤路。家の裏の石垣で出会ったニホントカゲのいる見慣れた光景を切り取って、ビバリウムにしてみました。使う植物はジュウモンジシダをメインに、その他は近所の雑草で。根づくことを期待して、石垣の間から生えているシダなどを植え込んでみました。石垣の石の代わりに、植物や苔が生長しやすい溶岩プレートを。たとえ雑草が枯れてしまっても、ビバリウムは時間と共にさまざまなことが起こります。思いがけない植物が生えてきたり、いつの間にか土の中からキノコが顔を出したり。そんなサプライズも期待してつくりました。

イメージは、ニホントカゲによく出会う、この石垣。川沿いの小さな公園にあって、シダなどの植物が生えています

ヒガシニホントカゲ。幼体から成体まで春先から秋口にかけての晴れた午前中によく出会います。石垣の間を出入りしたり、茂みを行ったり来たり…。その様子を再現してみました

つくり方

1 洗った軽石を入れ、その上に赤玉土とくん炭を混ぜたものを敷きます。

2 上から見たところ。左上に小さな石垣をつくるので、やや厚めに。

3 石垣の土台はちょうど良い形の流木でつくることにしました。

4 水分を含ませたけと土をこねて、流木に付けていきます。

5 石垣の石は、溶岩プレートを選択。多孔質で植物がつきやすいことを期待して。

6 高台にジュウモンジシダを植え込み、右のスペースには木化石を置きました。

7 シダの根の周りには落ち葉をまぶして、現場のイメージに近づけます。

8 空いたスペースには苔を敷き詰め、落ち葉主体の茶系の高台とのコントラストを強調。

9 上方にとっかかりを付けて雑草を絡ませたのは（根は地面に植え込む）、茂みを覗くようなイメージから。

10 水場はどんなビバリウムでも設置すべき材料です。ここでは陶器の皿を使用。

11 完成。絡ませた植物は霧吹きをまめに行って維持できるか、枯れてもそのままにするか。もしくは他の植物に変更するかなどは経過を見守ってから調整していく予定。

【この石垣のある公園に棲む他の爬虫類・両生類】

ニホンヤモリ

ニホンカナヘビ

アズマヒキガエル

ビバリウムをつくる
旅の思い出、沖縄の小道をイメージした箱庭に

　沖縄旅行で歩いた小道を思い浮かべながらつくったビバリウム。独特の白い地面はサンゴのかけらでできていましたが、代わりに軽石を使い、白い路を再現。サンゴ砂はアルカリ性が強く、植物の育成に適さないためです。植物は沖縄の雰囲気を出すために、ガジュマルとミクロソリウム（ミツデヘラシダ）を主体に。ネフロレピス（タマシダ）やアレカヤシも添えて、南国のイメージを強めました。いずれも丈夫な植物で育成も容易。心配な点は生き物選び。軽石を散らかしてしまうおそれがありますが、それもご愛敬。小型のスキンク類が似合いそうです。

飼育ケースは、爬虫類・両生類用のスライド式ケージを利用。植物の生長を考慮し、高さのあるタイプを選びました

竹富島。真っ白な地面が印象的でした

石垣島のジャングルにて。森の中はミクロソリウムのようなシダが生い茂っています

西表島から水牛に牽かれて渡ることのできる由布島。ヤシが植えられていますが、西表島にはヤエヤマヤシが自生しています

つくり方

1 幅、高さ共に60cmの爬虫類・両生類用飼育ケース。蓋と側面がメッシュ状なので通気性も高く、植物をレイアウトするのに便利。

2 コルク板を長方形に切ったもので路の土台をつくり、石と流木で固定。大きめの粒の軽石を敷き詰めて、白い風景を再現してゆきます。

3 水はけの良い軽石は全体的に敷いておきます。

4 植物を植え込む場所に土を入れます。

5 地面がほぼできあがりました。小道が左奥から手前右に流れる配置です。

6 まず右奥から。ガジュマルとヤシで林をつくり、できるだけ土が流出しないよう、表面に小石と枯れ葉、枝をばらまきました。

7 アクセントにブラジルパラナッツの殻を。生き物のシェルターとしての意味も。

8 左手前のスペースは湿度の高い場所としてシダを茂らせました。

9 これで完成！ 実際にトカゲが入った時には、水容器と餌皿（コオロギが逃亡して軽石の中に潜り込まないよう内側がつるつるした素材のものを）を配置する予定です。さらにビバリウムの前にもクワズイモの鉢を置いてみました。

【このビバリウム向けの沖縄の爬虫類】

沖縄で最もよく出会う爬虫類、ホオグロヤモリ

こちらも沖縄で見かけられるミナミヤモリ

青い尾が美しいバーバートカゲ

イシガキトカゲ。八重山諸島が分布域

サキシマスベトカゲ。小型のスキンクです

ミヤコカナヘビ。繁殖個体が稀に流通します

ビバリウムをつくる
里山の水路を再現

田んぼ周辺や畑のそばの水路にはさまざまな生き物たちが暮らしています。里山の小さな水路で、カエルやイモリに出会ったことのある人も多いことでしょう。一方で、排水パイプの中や水路にかかる橋の下なども彼らにとって格好の隠れ家となっています。水路そばの田んぼや畑には餌となる虫がたくさんいて、狩りをしたり、卵を産み付けたり。人間がつくった人工的な水路でも、カエルやイモリたちにとっては良い生活場所となっているわけです。自然のものだけではない、あえてそんな風景をイメージしてつくってみました。

つくり方

1 使用したケースは爬虫類・両生類飼育用のグラステラリウム 4545（46.5×46.5×h48cm）。ランプソテーが付いていたり、蓋の部分がメッシュ状になっていたりと、爬虫類・両生類飼育に特化して開発されたケース。前面扉が開閉式と使い勝手が抜群に良。イメージが水路ということで、今回はバックボードを使わないことに。作業しやすいよう、蓋は外しておきます。

2 園芸用の軽石（日向土）を薄く敷きつめます。これは直接ガラス底に石が接触しないため。水を入れると浮きやすいので、ネットに入れても良いし、観賞魚用の底砂でも良いでしょう。

3 大まかな土台をつくって、とりあえず仮置き。塩ビパイプをカットし、寸法の確認をします。今回は鉢底ネットに石をシリコンで固定することにしました。スムーズに流れるよう、塩ビパイプは手前のほうをやや低く。

4 水路の壁づくり。同じようなサイズの平たい石で、ちょっとしたパズルです。パイプが通る箇所のネットは切れ目を入れるかカットしておきます。これをシリコンで固めます。

5 土台に水中ポンプと塩ビ管を置き、安定させます。餌皿の置き場所は右側に決めました。

6 水路壁のシリコンが固まったら、ここへかぶせます。流木や石を置いて、水路壁や塩ビ館を安定させましょう。

7 きちんと水が流れるかどうか、水を入れてポンプの稼働を確認します。

8 植物の取り扱いについて。水耕栽培で育成されたものはそのまま保湿力のある場所へ、着生するタイプはビニタイやピンで固定します。土が必要なものは、鉢から出して程良く土を残したまま、水苔やシノブゴケなどで丸め込み、苔玉のような具合にすると土の流出が目立たなくなります。土を完全に落としてしまうと根が傷んだり、その後の育成がうまくいかないことが多いので、最低限に留めましょう。ケースが大きい場合は、ココナッツプランター（ヤシマットでできた壁掛け型プランター）などをそのままセットし、苔などで隠せばビバリウムの景観を損ねません。いずれにせよ、各々の植物の育成状況により、日照条件や水の流れなど諸条件が変化していきます。植物がうまく生育するかどうかはそこに植えてみないとわからないので、トリミングや植え替えなどで対応するとベター。写真はツツジの1種。

9 地面の部分全体に苔を敷きます。ツヤゴケやシノブゴケ、ハイゴケが使いやすい種類です。

10 水路壁にはツタ植物を絡ませると雰囲気が増します。隙間にも苔を置きます。根付くのを期待して、ユキノシタ、コクランも植え込みました。

52

11 これで完成！ 廃材を利用し、水路にかかる橋をかけてみました。生き物たちの日光浴の場所であり、その下が隠れ場所となってくれたら、自然の水路と同じで嬉しいかぎりです。身近な水路をイメージしたビバリウムですが、シナミズトカゲなど外国産の水辺の生き物たちも似合いそうです。

【このビバリウム向けの水辺の爬虫類・両生類】

ヌマガエル　　ツチガエル　　ニホンアマガエル

ニホンアカガエル　　ヤマアカガエル　　シュレーゲルアオガエル

アカハライモリ　　クサガメ（若い個体まで）　　シナミズトカゲ

カエル／イモリ／カメ／トカゲ／ヘビ・プロの作例集

爬虫類・両生類の生息環境は実に多彩。彼らの生息環境を模したビバリウムづくりにおいて、ポイントなることはたくさんあります。構図や植物の種類のほか、濾過システムや陸地の構造…。工夫次第で、どんどん広がるビバリウムの可能性。水族館や爬虫類・両生類専門店では、各々工夫がなされていて、どれをとっても個性に溢れています。参考になる部分はたいへん多いことでしょう。そして、ビバリウムは「生き物」。思いがけない植物が勝手に生えてきたり、枯れてもまた茂ってきたり。様相は時間の経過と共に大きく変わる、それもビバリウムの魅力の1つです。

マダラヤドクガエル。性格はモルフや個体により差がみられます。たとえばマイクロスポットはそれほどシャイではありません。隠れてばかりいるのでは、レイアウトに問題があることも

> **DATA** 山間の小さな滝を
> イメージしたパルダリウム
>
> ケース　オリジナルバルダリウムケージ／90×45×90(h)cm
> 濾　過　水中ポンプ（エーハイム コンパクトポンプ600）
> 床　材　アクアリウム用砂利（AF ジャパン企画 礫）、発砲ポリスチレン、黒色シリコン
> 照　明　90cm用LED（コトブキ工芸 フラットLED900）
> 住　人　なし（以前はアカハライモリ）
> 植　物　ハイゴケ／シノブゴケ／ツヤゴケ／ホソバオキナゴケ／タマゴケ／ヒノキゴケ／ホウオウゴケ／ゼニゴケ／ウィローモス／トウゲシバ／トキワシノブ／ホソバイノモトソウ／コケモモイタビ／トネリコ／オジギソウ／黒松／ハクチョウゲ／笹／津山ヒノキ／コニファ
> 経　過　半年
> メンテナンス
> 　　　3日に1回の足し水、週1回の全換水＆枯葉の除去
> その他　土台には発砲ポリスチレンを使用し、黒色のシリコンを塗り岩場を再現。より自然に見せるため、ところどころに本物の溶岩石を使用しています。上部の植物の下に水路をつくり、全体に水がしみ渡るようになっています

> **DATA** 熱帯雨林系パルダリウム
>
> ケース　パルダリウムケージ／30×30×45(h)cm（PCP3045）
> 濾　過　なし
> 床　材　ハイドロコーン（ネオコール）／EpiWeb
> 照　明　30cm用LED（コトブキ工芸 フラットLED300）
> 住　人　なし（以前はアルビノトノサマガエル）
> 植　物　ツヤゴケ／ホソバオキナゴケ／ヒツジゴケ／スギゴケ／パキラ／ピレア／コルジリネ／オキシカルジウム／サンスベリア／クロトン
> 経　過　約1年
> メンテナンス
> 　　　一日1回の霧吹き、2カ月に1回のトリミング
> その他　簡単な植物を中心にレイアウト。メインで使用しているコルクは軽くて加工しやすいのでレイアウトにも使いやすいです

DATA　山間部の苔むした水辺をイメージ
- ケース　バルダリウムケージ／60×30×45(h)cm（PCP6045）
- 濾過　水中ポンプ（NISSO PP-51）
- 床材　アクアリウム用砂利（ストーン・ディーラー・シンセー 流砂）
- 照明　60cm用LED（コトブキ工芸 フラット LED600）
- 住人　アズマヒキガエル／ナガレヒキガエル／メダカ（楊貴妃）
- 植物　ハネヒツジゴケ／ハイゴケ／ツヤゴケ／ウィローモス／トキワシノブ／クマシダ／ホラシノブ
- 経過　3カ月
- メンテナンス　3日に1回の足し水、週1回の半換水
- その他　2種類のヒキガエルが住んでいますが、シンプルな構成にすることで、レイアウトを壊されることも少なく、お互い違った習性を観察できておもしろいです。現状は争うこともなく、同居のメダカも襲われずに過ごせています

DATA　水の滴る岩壁をイメージ
- ケース　オリジナルバルダリウムケージ／60×30×90(h)cm
- 濾過　水中ポンプ（エーハイム コンパクトポンプ 300）
- 床材　アクアソイル（SUDO メダカの天然茶玉土）／EpiWeb
- 照明　60cm用LED×2（ADA アクアスカイ）
- 住人　ゴールデンハニードワーフグラミー（以前はニホンアマガエル×4／モリアオガエル×2）
- 植物　ゼニゴケ／ハイゴケ／シノブゴケ／ツヤゴケ／ウィローモス／イワヒバ／リョウメンシダ、ホソバイノモトソウ／トキワシノブ／クマシダ／ホラシノブ／ピレア／コケモモイタビ／ヒメイタビ／ベゴニア sp／メラノストマ sp／ゴマノハグサ sp／アマゾンフロッグピット
- 経過　約1年
- メンテナンス　週に1回の足し水、月に1回の半換水
- その他　設置して1年が経ち、植物も環境に適応してくれたことで交換もほとんどありません。あえて後ろのEpiWebをくり抜くことによって圧迫感を軽減し、採光もできています

DATA　珍しい植物コレクションを楽しみながら
- ケース　バルダリウムケージ／30×30×45(h)cm（PCP3045）
- 濾過　なし
- 床材　ハイドロコーン（ネオコール）／テラリウム用土（SUDO クリエイトソイル）／EpiWeb
- 照明　30cm用LED（コトブキ工芸 フラット LED 300）
- 住人　クランウェルツノガエル
- 植物　シノブゴケ／ヒツジゴケ／ゴマノハグサ sp. ネグロス／グッティエラ ヒスピダ／トキワトラノオ／イワヒバ／イワタバコの仲間／アグラオネマ ピクタム ニルバージュ／シノブシダ／ゲオケナンタス アンダタス／ラフィドホラ sp. パダン／ホマロメナ sp. マウントベサール
- 経過　8か月
- メンテナンス　一日1回の霧吹き、2カ月に1回のトリミング
- その他　珍しい観葉植物をコレクションしながらレイアウトを楽しめるバルダリウム。側面にテラリウム用土「クリエイトソイル」を使用し、そこに苔や植物を活着させることで、グリーンで覆われた壁を製作。狙いどおりドーム状の流木の下がクランウェルツノガエルの定位置になっています

ビバリウムの奥には水たまりがあり、ポンプから伸びるホースはさまざまな場所へ水を運びます

餌のショウジョウバエを狙うマダラヤドクガエル

DATA マダラヤドクガエルが繁殖するビバリウム

ケース	ガラス水槽／90×45×45(h)cm
濾　過	水中ポンプで揚水
床　材	軽石／ウールマット／鹿沼土
照　明	爬虫類用蛍光灯2.0×1／5.0×1
住　人	マダラヤドクガエル
植　物	ポトス／ネオレゲリア／シダ etc.
経　過	設置してから約半年
その他	ポンプで複数箇所に潤いを提供。床材に傾斜があり水場が低い場所となっています。水族館の生態展示用

57

DATA	テリビリスフキヤガエルが佇む空間
ケース	前開式専用ケース／60×45×60(h) cm
濾過	ミスティング＋排水口
床材	軽石／ウールマット／観賞魚用のソイルサンド
照明	爬虫類用蛍光灯2.0×2
住人	テリビリスフキヤガエル×1
植物	ネオレゲリア"ファイアボール"／プテリス／ワイヤープランツ／苔 etc.
経過	設置してから約1年
その他	プテリスの茂みで圧倒的な存在感を示すテリビリスフキヤガエルの黄色い体色。水族館の生態展示用

よく茂ったプテリス

DATA	ニッポンの水辺を再現
ケース	ガラス水槽／120×45×60(h) cm
濾過	水中フィルター／ミスティング＋排水口
床材	川砂／桐生砂
照明	爬虫類用蛍光灯2.0×1／5.0×1
住人	アマミハナサキガエル×2
植物	付近で採取した植物 etc.
経過	設置してから約2年
その他	水中フィルターで流れをつくってあります。跳躍力が強い種で120cm水槽でも鼻先をぶつけることも。自然環境に近い「生態展示」

DATA	**ヒキガエルがのし歩くオープンビバリウム**
ケース	自作ケース／173.5×90×30(h)cm ※鯉用水槽を加工
濾 過	水中フィルター
床 材	川砂／桐生砂／自然の土（陸地）
照 明	特になし
住 人	ニホンヒキガエル×2／アズマヒキガエル×2／ナガレヒキガエル×1
植 物	付近の草木。さまざまな植物が生えてきます
経 過	設置してから約2年
その他	ガラス水槽にアクリル板で返しが付けられた構造。蒸発により水位が下がったら加水

カエルにとって水は必須。見えないところに設置された水容器

DATA	**乾燥した環境を好むソバージュネコメガエル**
ケース	スライド式専用ケース／60×45×60(h)cm
濾 過	なし
床 材	爬虫類用蛍光灯2.0×1／5.0×1
照 明	鹿沼土／赤玉土／土
住 人	ソバージュネコメガエル×2
植 物	枝や流木を配置
経 過	設置してから約1年半
その他	水場は食品保存容器を利用。乾いた環境を意識して製作

水場で泳ぐ幼生(オタマジャクシ)たち

夜行性のため昼間は葉の上で寝ています

DATA　アカメアマガエルが繁殖する飼育環境

ケース　スライド式専用ケース／60×45×60(h)cm
濾　過　ミスティング＋排水口
床　材　桐生砂／鹿沼土／腐葉土／土
照　明　爬虫類用蛍光灯2.0×1／5.0×1
住　人　アカメアマガエル×3／幼生多数
植　物　ポトス／パキラ etc.
経　過　設置してから約1年半
その他　水場は深めにして幼生を育成。雨降りは週に3、4回で一日1回約15分稼動

イエアメガエル

陸場の構造。塩ビ板に発泡ウレタンを吹き付けました。内部は下から軽石、パンチングボード(仕切)、ウールマット、土、植物

DATA　イエアメガエルに見合った木と植物で

ケース　スライド式専用ケース／90×45×90(h)cm
濾　過　ミスティング＋排水口
床　材　桐生砂／鹿沼土／腐葉土／土
照　明　観賞魚用蛍光灯32W×2
住　人　イエアメガエル×5
植　物　ストレリチアと思われる植物 etc.
経　過　設置してから約1年
その他　やや大きな樹上棲種なので、葉幅の広いしっかりした植物と大きな流木を設置

ミツヅノコノハガエル。別水槽で繁殖もしています

DATA　ミツヅノコノハガエルの生態展示

ケース　スライド式専用ケース／60×45×60(h)cm
濾　過　ミスティング＋排水口
床　材　桐生砂／鹿沼土／腐葉土／土
照　明　爬虫類用蛍光灯2.0×1／5.0×1
住　人　ミツヅノコノハガエル×2
植　物　ポトス etc.
経　過　設置してから約半年
その他　陸場は溶岩をイメージ。ピートモスをシリコンで接着。繁殖を狙うにはもう少し水量が必要

アカハライモリ

DATA アカハライモリが暮らす水辺
- ケース　スライド式専用ケース／90×45×45(h)cm
- 濾　過　ミスティング＋排水口
- 床　材　桐生砂／鹿沼土／腐葉土／土
- 照　明　観賞魚用蛍光灯18W×2
- 住　人　アカハライモリ×5
- 植　物　ツユクサ／ユキノシタ／リュウノヒゲ etc.
- 経　過　設置してから約半年
- その他　水場面積を広めにしました。田んぼ付近の植物で構成

マダラヤドクガエル

DATA ヤドクガエルのいる箱庭
- ケース　スライド式専用ケース／24×30×24(h)cm
- 濾　過　なし
- 床　材　赤玉土(小粒)
- 照　明　観賞魚用蛍光灯18W
- 住　人　マダラヤドクガエル×3
- 植　物　グズマニア／コウヤノマンネングサ／苔 etc.
- その他　池には常に清潔な水が入っているように。一日1、2回全体に霧吹きを行ってます

DATA 苔玉をそのままビバリウムに
- ケース　爬虫類用ケース／16×16×14.5(h)cm
- 濾　過　なし
- 床　材　赤玉土(小粒)
- 照　明　スポットライト10W
- 住　人　クランウェルツノガエル
- 植　物　自作の苔玉(マメヅタ／スコティッシュモス／オリヅルラン／アジアンタム etc.)
- 経　過　設置してから約1カ月
- その他　販売用のケースのためシンプルなレイアウト

61

アヌビアス・バルテリー

住人のフタイロネコメガエル

ヤマサキカズラ

ヤマサキカズラとウィローモス

DATA 池の畔で休むフタイロネコメガエル

ケース	前面ガラスで背面はFRP擬岩（業者製作）／90×55×70（h）cm幅
濾　過	重力式濾過（オーバーフロー）閉鎖循環濾過方式。水温設定は25℃
床　材	砂利
照　明	「トゥルーライト」を7：00〜19：00点灯（通年）。ホットスポットとしてレフランプを8：00〜18：00点灯
住　人	フタイロネコメガエル×1
植　物	アヌビアス・バルテリー×1／ヤマサキカズラ×3 etc.
年　数	セットしてから5年経過
その他	池の畔の樹上をイメージして製作した水族館の展示水槽。適度な湿度を保ちつつ、通気性を確保。メンテナンスは週1回の換水と毎日、ガラス面、植物への散水作業。それと、年1回程度の濾過槽掃除
工　夫	通気性を与えるため、水槽上部では24時間扇風機を稼動

DATA 20年経過した池の岸辺ビバリウム

ケース	前面ガラス水槽。背面はFRP擬岩（業者製作）／180×55×70（h）cm
濾　過	重力式ろ過（オーバーフロー）閉鎖循環濾過方式。水温設定は25℃
床　材	砂利
照　明	「トゥルーライト」を7：00〜19：00点灯（通年）。ホットスポットとしてレフランプを8：00〜18：00点灯
住　人	ウシガエル×5
植　物	ベンジャミン×2
経　過	セットしてから20年経過
その他	池の岸辺をイメージしたビバリウム。大きな流木を配し、カエルが隠れつつも、来館者が見やすいようにレイアウトしたもの（水族館での展示水槽）。上面のベンジャミンはネット（蓋）への直接的な衝突を緩和。メンテナンスは週1回の換水と毎日、ガラス面、植物への散水作業。それと、年1回程度の濾過槽掃除
工　夫	通気性を与えるため、水槽上部では24時間扇風機を稼動

ベンジャミン

ウシガエル（現在は特定外来生物に指定）

昼間はポトスの葉の上で休んでいます

> **DATA** アカメアマガエルの休憩場所と
> 産卵床にぴったりのポトス
>
> ケース　前面ガラスで背面はFRP擬岩（業者製作）／90×55×70(h) cm
> 濾　過　重力式濾過（オーバーフロー）閉鎖循環濾過方式。水温設定は25℃
> 床　材　砂利
> 照　明　「トゥルーライト」を7：00〜19：00点灯（通年）。ホットスポットとしてレフランプを8：00〜18：00点灯
> 住　人　アカメアマガエル×9
> 植　物　ポトス／ウィローモス
> 経　過　セットしてから15年経過
> その他　繁殖期に集まる池の畔をイメージした作例。幅広い葉のポトスを用いることで日中、彼らが休むことのできるスペースを確保してあります。さらに、繁殖期には産卵床として活躍。メンテナンスは週1回の換水と毎日、ガラス面、植物への散水作業。それと、年1回程度の濾過槽掃除
> 工　夫　通気性を与えるため、水槽上部では24時間扇風機を稼動

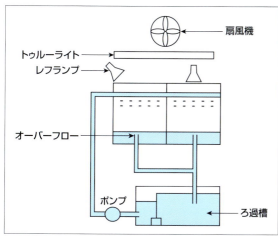

【この見開きページの作例のシステム図】

夜間がアカメアマガエルの活動時間

63

DATA 手本にしたい コバルトヤドクガエルのビバリウム

ケース	スライド式専用ケース／45×30×30(h)cm
濾 過	2重底＋排水口＋ミスティング
床 材	カエル用の土（肥料無添加）
照 明	観賞魚用蛍光灯15W×2
住 人	コバルトヤドクガエル×2
植 物	テーブルヤシ／セイロンベンケイソウ／オキシカラジウム／チランジア／オオタニワタリ etc.
経 過	設置してから約2週間
その他	植物と隠れ家、開けた場所ができるようレイアウト。タイマーでミスティング。餌は毎日給餌。葉の糞などはシャワーで流し落とす。底面は2重底でパンチングボード＋ウールマットの上に土が敷かれています

コバルトヤドクガエル

側面に通気穴があり、下部は2重底構造

前面の扉を閉めたところ

DATA 緑・赤・黄の信号のような配色の空間

ケース	自作ケース／60×38×40(h)cm
濾 過	2重底＋排水口＋ミスティング
床 材	カエル用の土（肥料無添加）
照 明	観賞魚用蛍光灯20W×1／フルスペクトルライト2.0×1
住 人	セマダラヤドクガエル×6
植 物	ポトス／ネオゲリア／チランジア etc.
経 過	設置してから約3カ月
その他	水族館展示用ビバリウムを一部変更したもの。タイマーでミスティング。餌は毎日給餌。葉の糞などはシャワーで流し落とします。緑の植物の間をセマダラヤドクガエルのレッドやイエローが活動するビバリウム

セマダラヤドクガエル

キオビヤドクガエル

DATA キオビ＆マダラヤドクガエルのビバリウム

ケース	スライド式専用ケース／45×30×30(h)cm
濾 過	2重底＋排水口＋ミスティング
床 材	カエル用の土（肥料無添加）
照 明	観賞魚用蛍光灯15W×2
住 人	キオビヤドクガエル×2／マダラヤドクガエル×4
植 物	ドラセナ／パキラ etc.
その他	タイマーでミスティング。餌は毎日給餌。葉の糞などはシャワーで流し落とします。底面は2重底でパンチングボード＋ウールマットの上に土が敷かれています

アイゾメヤドクガエル "オレンジマウンテン"

DATA 中央のグズマニアをメインに

ケース	スライド式専用ケース／60×30×30(h)cm
濾過	2重底＋排水口＋ミスティング
床材	カエル用の土（肥料無添加）
照明	観賞魚用蛍光灯20W×1／フルスペクトルライト2.0×1
住人	アイゾメヤドクガエル "オイヤポッキ"／アイゾメヤドクガエル "オレンジマウンテン"
植物	ポトス／セイロンベンケイソウ／チランジア／グズマニア／オキシカラジウム etc.
その他	タイマーでミスティング。餌は毎日給餌。葉の糞などはシャワーで流し落とします。底面は2重底でパンチングボード＋ウールマットの上に土が敷かれています

池には鉢受け皿を利用

ケース側面にある通気穴

アイゾメヤドクガエル

マダライモリ

ケース全景

DATA シダと溶岩石を組み合わせて

ケース	スライド式専用ケース／24×30×24(h)cm
濾過	なし
床材	赤玉土（小粒）
照明	観賞魚用蛍光灯18W
住人	マダライモリ×3
植物	スコティッシュモス／ヘデラ etc.
その他	メンテナンスは足し水とガラス面の掃除、枯れ葉の除去など。霧吹きは全体に一日1、2回

DATA スポンジとコルクに植物を活着

ケース	前開き式専用ケース／45×60×45(h)cm
濾過	排水パイプ＋水中フィルター（揚水用）
床材	レプティスポンジ
照明	2灯式爬虫類用蛍光灯
住人	アイゾメヤドクガエル
植物	プミラ／マメヅタ／シノブゴケ etc.
経過	設置してから約1カ月
その他	専門店のカエル販売用ケース。レプティスポンジとはビバリウム用の製品。穴を開けて植物を植えることもでき、また、簡単にちぎれるので地形づくりに便利

コバルトヤドクガエル

池はやや高い位置に

DATA　ヘゴの階層とネオレゲリアをふんだんに使って

ケース	前開き式専用ケース／45×60×45 (h) cm
濾　過	排水パイプ
床　材	ヘゴ
照　明	2灯式爬虫類用蛍光灯
住　人	コバルトヤドクガエル
植　物	ネオレゲリア"レッドオブリオ"／プミラ／シノブゴケ etc.
経　過	設置してから約2カ月
その他	専門店のカエル販売用ケース。ヘゴで階層が作られ、また、ネオレゲリアがたくさん植えられており、立体活動ができるレイアウトとなっています

DATA　中層に池のあるビバリウム

ケース	前開き式専用ケース／58.5×59×44 (h) cm
濾　過	排水パイプ+水中ポンプ (揚水用)
床　材	レプティスポンジ
照　明	メタルハライドランプ70W
住　人	なし
植　物	ネオレゲリア"ファイアボール"／ポトス"エンジョイ"／ハイゴケ／ホウオウゴケ／ウィローモス etc.
経　過	設置してから約1カ月
その他	ポンプで水が循環し、さまざまな場所から水が滴るビバリウム。高湿度を要求する苔類も活着

DATA　小型のヤドクガエル用ビバリウム

ケース	スライド式専用ケース／32×32×32 (h) cm
濾　過	排水口+ミスティング
床　材	バックにFRPボード
住　人	イミテーターヤドクガエル"グリーン"
植　物	ウィローモス／シノブゴケ／ホソバオキナゴケ etc.
経　過	設置してから約3年
その他	専門店のカエル販売用ケースのため、収容生体は流動的。右奥のシダはいつの間にか生えてきたもの

DATA　設置から8年を経たヤドクビバリウム

ケース	スライド式専用ケース／40×45×45 (h) cm
濾　過	排水口+ミスティング
床　材	軽石+カエル飼育用土
照　明	観賞魚用蛍光灯18W×2
住　人	マダラヤドクガエル"タボガ"
植　物	ペペロミア／サトイモ科の植物 (斑入り) etc.
経　過	設置してから約3年
その他	専門店のカエル販売用ケースのため、収容生体は流動的。ガラス面まで植物が伝っています

DATA　全面にフィカスが生い茂るビバリウム

ケース	スライド式専用ケース／40×45×45 (h) cm
濾　過	排水口+ミスティング
床　材	軽石+ピート
照　明	観賞魚用蛍光灯18W×2
住　人	ヤドクガエル
植　物	フィカス／シノブゴケ etc.
経　過	設置してから約8年
その他	専門店のカエル販売用ケースのため、収容生体は流動的。あえてトリミングせず、植物を生い茂らせました。ヤドクガエル用ビバリウム

DATA　ヒユが生い茂るビバリウム

ケース	スライド式専用ケース／45×45×45(h)cm
濾　過	排水口＋ミスティング
床　材	軽石＋ピート
照　明	観賞魚用蛍光灯18W×2
住　人	アカメアマガエル
植　物	ヒユ／モンステラ／シノブゴケ etc.
経　過	設置してから約7年
その他	専門店のカエル販売用ケースのため、収容生体は流動的。あえてトリミングせず、植物を生い茂らせました。右のシダは勝手に生えてきたもの。アカメアマガエル用のビバリウム

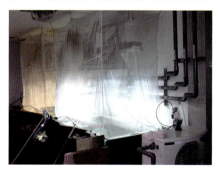

DATA　蚊帳のある大型のヤドクガエルビバリウム

ケース	アクリル水槽／163×93×97(h)cm
濾　過	底面の排水パイプにより排水＋灌水＋霧吹き
床　材	下層に赤玉土(大粒85L)／上層に赤玉土(小粒100L)
照　明	メタルハライドランプ400w×2
住　人	コバルトヤドクガエル×2／セマダラヤドクガエル×3／マダラヤドクガエル×5／キオビヤドクガエル×2
植　物	エクメア・フォスターズ"フェイバリイッド"×1／グズマニア・リングラータ×8／クリプタンサス×30／チランジア・ウスネオイデス／ニズラリウム・ルーディランス×2／ネオレゲリア・コンセントリクタ×1／ネオレゲリア・ゾナータス×2／ネオレゲリア・ファイヤーボール×1／ビベルギア・ロサ×1／フリーセア・フェストラリス×1／フリーセア・ブリヘラエ×4／フリーセア・スプレンデンス×1／トラフアナナス(フリーセア)×6／南米ウィローモス／タマシダ(ネフロレピス)／クッカバラ×1／アンスリウム・ピンクチャンピオン×5／マランタ×5／カラジウム×7／スパティフィラム×6／ペペロミア×1
経　過	設置してから約2年3カ月
コンセプト	中南米原産のヤドクガエルと中南米原産の植物を同時に展示。2008年国際カエル年に合わせ、カエルの多様性とカエルを取り巻く状況について知ってもらうことを企図したビバリウム
メンテナンス	一日に2回(朝・夕)の葉面掃除と、灌水を兼ねたシャワーリング、それに伴うミネラル分付着を防ぐためのガラス面の拭き清掃。随時、照明器具と周囲のホコリ取り。1〜3日に1回の給餌(栄養剤をまぶしたトリニドショウジョウバエ)。2〜4カ月に1回、植物の剪定を行います。
その他	水槽上部に照明ごと囲う蚊帳を設置して、餌昆虫とカエルの脱走を防止(写真右)。セマダラヤドクガエルのみ繁殖に成功。温度調節は外気温に左右されますが、設置場所の温調が行われて、年間を通じて20〜32℃の範囲内(夏：26〜32℃、冬：20〜25℃)。湿度調節は霧吹きの頻度の多寡により行っています。

文：大分マリーンパレス水族館「うみたまご」今井謙介

> **DATA** シダの生い茂る密林
> ケース　バルダリウムケージ／30×30×45(h)cm (RAINFOREST PCP3045)
> 濾　過　なし
> 床　材　ハイドロコーン（ネオコール黒）／EpiWeb
> 照　明　30cm用LED（コトブキ工芸 フラットLED300）
> 住　人　フィギュア（以前はナガレヒキガエル）
> 植　物　ハイゴケ／シノブゴケ／カタヒバ／ネフロレピス／コーヒーの木
> 経　過　1年半
> メンテナンス
> 　　　　一日1回の霧吹き、月1回のトリミング
> その他　背面にはEpiWebを使用し、グルーガンで石や流木を固定。細い枝流木が木の根を再現し、岩に根が絡まっているさまを表現

実際の一枚岩

設置当初（2015年）

設置当初（2015年）

現在の様子（2018年）

> **DATA** 名勝南紀の一枚岩を
> 　　　　丸ごと再現したビバリウム
> ケース　アクリル水槽／150×60×50(h)cmに発泡ウレタンで模した一枚岩を載せたもの
> 濾　過　外部式フィルター×2
> 床　材　川砂利
> 照　明　60cm用LED／90cm用LED／水中ライト
> 住　人　ニホンウナギ／カワムツ／ウグイ／モクズガニ etc.
> 植　物　イワヒバ／イワヤナギ／ゲジゲジシダ／アツイタ／ナンカクラン／ヒトツバ／ノキシノブ／イワヒトデ／セッコク／ミヤマムギラン／コクラン／エビネ／キイジョウロホトトギス／ササユリ／イワギボウシ／チャボホトトギス／イワタバコ／モミジ／苔各種 etc.
> 経　過　約3年
> その他　清流古座川の中流域にそびえる一枚岩を再現したビバリウム。ぼたん荘（HP botansou.jp）のエントランスにて展示。植物も魚も全て古座川産。植えたもの以外でも勝手に生えてきます。春から秋まで1カ月ごとに花が咲くようなコンセプトで、春夏秋冬でさまざまな表情を見せてくれます
> 工　夫　真ん中の滝以外にもチューブが巡らせてあり、一日1時間・1回稼働し、乾く時間帯を設けてあります。ウグイなどはウナギに捕食されるので、時々追加

DATA　シダ・苔が生い茂る
幅150cmのオープンビバリウム

- ケース　150×35×45(h)cmの特注ケース
- 濾　過　外部式フィルター
- 床　材　田砂
- 照　明　メタルハライドライト (150W)
- 住　人　なし (カメレオンを予定)
- 植　物　リュウビンタイ/イワヒトデ/シシラン/オオタニワタリ/タマシダ/イワガネソウ/イノデ/ヌカボシクリハラン/ヌラトリノオ/ツヤゴケ/シノブゴケ/ハイゴケ/タマゴケ/マメヅタ/ヒメイタビ/コウヤコケシノブ/カタヒバ etc.
- 経　過　10日ほど
- その他　設置して間もないですが、植物の生長に変化が現れて、すでにさまざまな表情を見せ始めています。季節ごとに様変わりするオープンビバリウムという設定。バックの土台はスタイロフォームにヤシガラマットをグルーガンで接着したもの。エキゾチックカフェ　ムー (和歌山県田辺市南新町136,2F) のカウンター裏で展示。

枝にカメレオンをとまらせる予定のため、天井にしっかりと固定

DATA　小型有尾類用
ビバリウム

- ケース　パルダリウム用ケース
- 濾　過　なし
- 床　材　鉢底石/ソイル系サンド
- 照　明　30cm用LED
- 住　人　なし (イモリを予定)
- 植　物　カシノキラン/オオタニワタリ/アオガネシダ/ヤノネシダ/ハコネシダ/タマシダ/クルマシダ/リョウメンシダ/トウゲシバ/マメヅタ/ウチワゴケ/チョウチンゴケ/ハイゴケ/シノブゴケ/ツヤゴケ/コクラン
- 経　過　約1週間
- その他　バックはスタイロフォームにヤシガラマットで。南紀の植物で構成されたビバリウム。湿度管理は霧吹きにて

DATA　ヤドクガエル用パルダリウム

- ケース　30×30×45(h)cmのパルダリウム用ケース
- 濾　過　なし
- 床　材　パルダリウム用低床/ソイル系サンド
- 照　明　30cm用爬虫類飼育用ライト
- 住　人　なし (キオビヤドクガエルを予定)
- 植　物　ツヤゴケ/ホウオウゴケ/ハイゴケ/クリプタンサス/ビルベギア/ミヤマウズラ/チランジア レイボルディアナ/グズマニア　テレサ/ラフィドフォラ/コショウ属の1種/ヌリトラノオ/ヒメノキシノブ/アオガネシダ/シシラン/クマワラビ/マメヅタ
- 経　過　約1カ月
- その他　バックにはEPIWEBを使用。霧吹きは全体に、朝・夕・夜

ドイツのビバリウム。規格外の容積で、中に人が入れるほど巨大！

これもドイツで見かけたビバリウム。階段の下のスペースを有効利用したもの

大きなブロメリアが鉢ごと入るビバリウム（ドイツ）。こういった葉の広い植物はヤドクガエルが卵を産みやすいです

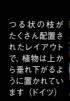

つる状の枝がたくさん配置されたレイアウトで、植物は上から垂れ下がるように置かれています（ドイツ）

ドイツでもヤドクガエルのビバリウムにはミスティングシステムが広く使われています

ヨーロッパのビバリウム

緑の中に生える黄色いテリビリスフキヤガエルたち（ドイツ）

グリーンイグアナのビバリウム（ドイツ）

ヒメトゲオイワトカゲ "サウザンフォーム"

野生下さながら岩の隙間に潜り込んでます

DATA　イワトカゲが遊ぶ岩場を再現

- ケース　前開き式専用ケース／90×45×45(h)cm
- 濾　過　なし
- 床　材　水草用ソイル土（小粒）
- 照　明　メタルハライドランプ20W／フルスペクトルライト20W／小型のファン
- 住　人　ヒメトゲオイワトカゲ "サウザンフォーム" ×2
- 植　物　チランジア／アリオカルプス etc.
- 経　過　設置してから約3カ月
- その他　木化石や枝流木などがバランス良く配置され、生息環境を模した岩場をつくったビバリウム。立体活動を行う種のため、動きを楽しめるようにしたもの。網蓋は右半分のみ。メンテナンスや給餌と糞などの汚れを取り除くこと、チランジアは2、3日に1度霧吹き（昼間に行わない）をするほか、水入れにも給水

DATA　ヤドクガエルが繁殖する"デカリウム"

- ケース　240×240×240(h)cm
- 床材　腐葉土など
- 照明　LEDライト／日中はガラス窓から太陽光が入る設計
- 住人　コバルトヤドクガエル／インバブラアマガエル／スパーレルアカメアマガエル／フタイロネコメガエル
- 植物　ネオレゲリア／エクメア／ビルベルギアなどタンクブロメリアを数種類／フィカス ウンベラータ／アンスリウム／ストレリチア ニコライ(オーガスタ)
- メンテナンス　一日1〜2回(季節によって回数や時間帯を変更)、ガーデンクーラーのミストを噴霧
- 経過　1年
- その他　作成後1年が経過したところで、コバルトヤドクガエルがアダルトサイズになり、やっと産卵を始めました。温度管理はエアコンを使用。ビバリウムを紹介している本を読んだ際に、海外の大きい水槽に驚かされました。いつか自分もと思い、国内で同じようなビバリウムをつくった人のアドバイスを元に作成しました。自然にカエルが殖える環境を目指し、日本初のフタイロネコメの繁殖を狙っています

フタイロネコメガエル

インバブラアマガエル

コバルトヤドクガエル

スパーレルアカメアマガエル

DATA　生息地をイメージしたレオパビバリウム

- ケース　爬虫類・両生類用ガラスケージ／52×26.5×34(h)cm
- 床　材　フトアゴヒゲトカゲ用サンド。植物由来の製品で、誤飲しても問題ありません
- 照　明　なし（照射する場合は、爬虫類用ライト（4W）を8～16時くらいまで）
- 住　人　ヒョウモントカゲモドキ "タンジェリン"
- メンテナンス
　　　　　メンテナンスは水換えを毎日。霧吹きはしっかりと朝夕の2回、壁面へ向けて。糞を見つけたらその都度取り除きます
- その他　スカルタイプの爬虫類用シェルターをワンポイントに、溶岩プレートを積み重ねて起伏を設けました。水入れは枝流木の茂みに隠れるように置いたため、流木はあえて固定していません。ヒョウモントカゲモドキは意外と行動的な面を見せ、こういったレイアウトだと多少の立体活動を観察することができます

DATA	人工的に再現した岩場
ケース	スライド式専用ケース／120×45×45 (h) cm
濾 過	なし
床 材	砂
照 明	爬虫類用蛍光灯
住 人	サバクトゲオアガマ×2
植 物	なし
その他	専門店の販売用ケースなので、照明などは適宜変更。糞は見つけたら除去しています

サバクトゲオアガマ

全景

上の岩場ビバリウムの製作過程。発泡ポリスチレン板（ホームセンターなどで市販されているもの）を大小にカットし、組み合わせて土台を作ります。位置が決まったら、シリコンで接着し、セメントを塗って、仕上げに油性のラッカースプレーで着色して完成。シリコン、セメントは塗布後、しっかりと乾燥させましょう。当初はアルマジロトカゲが暮らしていました

ジャクソンカメレオン（メルモンタヌス亜種）

> **DATA** シルクジャスミンの林で
> カメレオンが暮らす
> ケース　スライド式専用ケース／120×45×60(h)cm
> 濾　過　排水パイプ＋ドリップ式（飲み水用）
> 床　材　軽石＋観葉植物用土
> 照　明　メタルハライドライト70W／スポットライト75W／蛍光灯
> 住　人　ジャクソンカメレオン（メルモンタヌス亜種）×2
> 植　物　シルクジャスミン
> 経　過　設置してから約3カ月
> その他　専門店の販売用ケースなので、照明などは適宜変更。シルクジャスミンはメタルハライドライトに向けて生長し、蓋を突き抜けてくるほど元気

エメラルドツリーボア

ミズゼニゴケ

水中フィルターが池に流れを提供

排水用のパイプも設置されています

> **DATA** 樹上棲のボアが休む巨大アクアテラリウム
> ケース　スライド式専用ケース／90×90×120(h)cm
> 濾　過　水中フィルター（池）／排水パイプ／海水魚飼育用パワーポンプ（揚水用）
> 床　材　ヘゴなど
> 照　明　メタルハライドライト150W／爬虫類用蛍光灯2.0×2／爬虫類用蛍光灯5.0×2
> 住　人　エメラルドツリーボア
> 植　物　ポトス／モンステラ／ミズゼニゴケ／シノブゴケ etc.
> 経　過　設置してから約1年
> その他　背面にはヘゴ板が設置され、上部の塩ビパイプから水が流れています。メンテナンスは水を足す程度

DATA	遊び心に溢れる壮大なアフリカのオープンビバリウム
ケース	自作ケース／254×60×31(h)cm
濾 過	なし
床 材	軽石＋炭片／芝目土＋川砂を7：3／砂利
照 明	メタルハライドライト70W×3／紫外線ライト20W
保 温	ヒーター100W／シートヒーター×2（底面）／小型のファン×4
住 人	ノコヘリヤブガメ×3
植 物	オベルカリクリア／メリディオナリス／パキポディウム／チランジア／ドラセナ／トックリラン etc.
経 過	設置してから約1年
その他	小型のリクガメであるノコヘリヤブガメ。彼らが棲む南アフリカの雰囲気を生息風景を思い浮かべながら製作されたビバリウムです。木製ですが防水加工が施されています。運動ができるよう広いスペースを用意し、隠れ家を複数設置。ところどころに付けられたクワガタなどの標本は、3カ月ほど乾燥させてからシリコンで接着したもの。カメだけでなく、見ている飼育者にとっても快適で、楽しいビバリウム。側面は網が張られ、ファンを設置して空気の停滞部をなくしたところ、リクガメの調子が目に見えるほど良くなったそうです。野生個体さながらに、ビバリウム内を悠々と歩き回っています

エキゾチックな雰囲気のコーデックス（茎や根が大きく膨らむ植物のこと）が多数植えられています

ノコヘリヤブガメ。リクガメの中でも小型の部類で、模様も美しいのですが、流通量はたいへん少ないうえ、飼育も難しいカメとされてきました。こういった広いスペースと通気性の高い環境を用意してやると、調子良く飼育できるようです

大きな植物には5日に一度、小さいものは3日に一度程度、膨らんだ幹にシャワーボトルで給水します

植物の茂る場所。運動ができる場所。暖かい場所。隠れ家…。これだけ広いスペースがあると、カメは自分で歩いて好きな場所へ移動することができます

77

DATA **オペルカリクリアの林をヒラセリクガメが歩く**

ケース　自作ケース／150×60×31(h)cm
濾　過　なし
床　材　軽石＋炭片／芝目土＋川砂を7：3／砂利
照　明　メタルハライドライト70W×3／紫外線ライト20W×3
保　温　ヒーター100W／シートヒーター×2(底面)／小型のファン×3
住　人　シモフリヒラセリクガメ／ナマクアヒラセリクガメ×2
植　物　オペルカリクリア／メリディオナリス／亀甲牡丹類×2／ガステリア／パキポディウム／チランジア etc.
経　過　設置してから約3カ月
その他　ヒラセリクガメが岩をまたぐように歩かせてみたい。そんな思いから作られたビバリウム。エキゾチックな植物の林や起伏のある地面。そして、岩場。さまざまな環境が再現されているにもかかわらず、側面が網状かつファンで空気が撹拌され、通気性は抜群。飼育部屋の扉を閉めて線香で空気の流れを確認し、ファンの角度を調整して、気流が停滞する場所をなくしたそうです。長期飼育が困難と言われるヒラセリクガメですが、地面の起伏を楽しむように立体的に動いていました

オペルカリクリアの林

メタルハライドライトとファン

大きなパキポディウム

アリオカルプス属のサボテン。左はゴジラ、右は連山錦と呼ばれるもの

ナマクアヒラセリクガメのペア

シモフリヒラセガメ。たいへん珍しい種

メンテナンスは糞の除去と水入れの換水。植物へは3日に1回、午前中に霧吹きを行います

ヘルマンリクガメの飼育場。屋外の一角を囲って飼育されています。温度勾配、湿度勾配、明るい・暗いと野生下とほぼ変わらない環境。人工的に自然を再現するという意味では、理想的なビバリウムです

目の前で同時に2匹が穴を掘り始め、産卵シーンを見せてくれました。自分の作った飼育環境で繁殖なんて、飼育者にとって嬉しい出来事

池の水はこのパイプから供給され、汚れた水は隣を流れる用水路へ排水される仕組み。ここのカメたちも繁殖しています

ニホンイシガメやクサガメ、ミシシッピアカミミガメが泳ぐ池。上のリクガメビバリウムと同様、こちらも飼育に必要な要素の揃った飼育環境です。屋外の広い場所で飼われたカメは動きも見た目も健康的

自然から飼育環境の ヒント を得る
……スリランカ……

乾燥した砂漠地帯。地面の砂は赤っぽい色

ジャングルを俯瞰。右の茂みが見事。水場も見えます

まばらに植物が生えた乾燥地帯

やや乾いた草原と湿地

山中を流れる滝。凹型構図のビバリウムでスレート石などを使って滝を作るなどして再現したい風景。小型のトカゲなどが似合いそうです

ビバリウムの住人・ヤドクガエル

夜行性で、昼間は物陰でじっとしていることが多いカエルの仲間。外敵や乾燥から身を守ったりするためです。しかし、派手な警告色を持つヤドクガエルは例外的に堂々と昼間活動し、飼育下でも姿を見る機会が多く楽しいカエルです。緑をふんだんにあしらったビバリウムできちんと飼育すれば、目の前で餌をハンティングしてくれたり、運が良ければ興味深い繁殖行動を見せてくれるでしょう。親ガエルがオタマジャクシを背負っていたり、ブロメリアの葉の間にできた小さな水たまりで卵を見つけたりと、さまざまな生態を観察できるのもヤドクガエル飼育の大きな魅力なのです。

ベネディクタヤドクガエル
Ranitomeya benedicta
体長1.8cm。マスクをしているかのような鮮烈な赤い頭部をしています

イチゴヤドクガエル "バティスメントス"
Oophaga pumilio "Batismentos"
体長は2.5cm。半樹上棲。写真は鳴いているオス

イチゴヤドクガエル "アルミランテ"
Oophaga pumilio "Almirante"
体長は2cm。半樹上棲。強烈に赤いモルフです

バンゾリーニヤドクガエル
Ranitomeya vanzolinii
体長は2cm未満の小型の樹上棲種。黒い体に入る黄色い斑紋のコントラストが美しいです

セアカヤドクガエル
Ranitomeya reticulatus
体長は1.5cmと最小のヤドクガエルの1種。地上棲

ラマシーヤドクガエル
Ranitomeya lamasi
体長2cm弱。樹上棲。繁殖成功例の少ない愛好家垂涎の種

ミステリオサスヤドクガエル
Excidobates mysteriosus
体長2.5cm。樹上棲。独特の体色と斑紋は強烈な個性を放っています

ウアカリヤドクガエル
Ranitomeya uakarii
体長2cm弱。樹上棲。オレンジから黄色へ変わるラインが特徴

バリアビリスヤドクガエル
Ranitomeya variabilis
体長2cm弱の樹上棲。角度により体色の輝きが変化する最美麗種の1つ

ズアカヤドクガエル
Ranitomeya fantasticus
体長2cm弱の樹上棲。写真はレッドヘッドやバタフライと呼ばれるモルフ

コバルトヤドクガエル
Dendrobates tinctorius "Azureus"
体長4cmの地上棲種。斑紋の大きさや形、色の濃淡はさまざま

キオビヤドクガエル
Dendrobates leucomelas
体長は4cm。黄色と黒のコントラストが人気の地上棲種

シルバティクスヤドクガエル
Oophaga sylvaticus
体長4.5cm。地上棲。朱色の体と、朱または黒い模様の入った四肢が特徴

マダラヤドクガエル
Dendrobates auratus
体長は3〜4cm。地上棲。さまざまなモルフが知られています

マダラヤドクガエル "ブロンズ&グリーン"
Dendrobates auratus "Bronze & Green"
体長は4cm。ブロンズ色の斑紋は成長と共に出現してきます

アイゾメヤドクガエル "アラニス"
Dendrobates tinctorius "Alanis"

体長は5.5cm。地上棲。四肢は本種の特徴である藍色の斑紋があります

アイゾメヤドクガエル "ブラジル"
Dendrobates tinctorius "Brazil"

体長は5.5cmと大型の種。深みのある藍色と黄色が美しいです

アイゾメヤドクガエル "シトロネラ"
Dendrobates tinctorius "Citronella"

体長は6cmと大型のモルフで、ビバリウムでも目立ちます。地上棲

セマダラヤドクガエル
Adelphobates galactonotus

体長4cmほどの地上棲種。オレンジやレッドのモルフも一般的です

ビコロールフキヤガエル
Phyllobates bicolor

体長4.5cmの地上棲種。美声。アシグロフキヤガエルの名もあります

ココエフキヤガエル
Phyllobates aurotaenia

体長3.5cm。地上棲。四肢と脇腹に入る細かなスポットは夜空のようです

アズレイベントリスヤドクガエル
Hyloxalus azureiventris

体長は2cm。腹部は深みのあるブルー。美声種です

トリコロールヤドクガエル
Epipedobates tricolor

体長は2.5cmほど。地上棲。ミイロヤドクガエルとも呼ばれる種

ミスジヤドクガエル
Ameerega trivittatus

体長5cm。地上棲。モルフにより斑紋やラインの色が異なります

ビバリウムの住人・樹上棲カエル

木の上を主な生活の場所としているカエルたちも、多くのビバリウムで主役を担っています。植物の葉や枝を上手に使って行動したり、時には繁殖シーンさえも、見せてくれることでしょう。カエルにとっても植物があるほうが落ち着きやすく、中には葉や枝の形や模様そっくりの種類もいて楽しいです。特に蒸れた環境を苦手とする種類が多く含まれるので、飼育ケースは通気性のあるものを選びましょう。植物選びやレイアウトの際は、カエルのサイズや力をよく考慮に入れて。

キイロメアマガエル
Agalychnis annae
アカメアマガエルよりも細身の体つきで、目は小さめの希種。脇腹と四肢が淡い青色をしていて独特の雰囲気をしたカエルです。名前のとおり虹彩は黄色。やはり葉幅のある植物をたくさんレイアウトしたビバリウムで飼うと良いでしょう。

バイランティネコメガエル
Phyllomedusa vaillantii
背は平たく全体的に角張った容姿のカエルです。他のカエルと同じく、川などの水場付近の樹上で暮らしています。中南米のジャングルを意識した飼育環境で飼うと良いですが、蒸れに弱いため、夏場はわりと乾燥した環境にします。

アカメアマガエル
Agalychnis callidryas

体長は最大7cmほど。緑の体色と真紅の目、脇腹のブルーがとても美しく、人気の高い種です。以前は難しいとされていたカエルですが、最近では国内での繁殖例も増えています。体を休めるような葉の広い植物が向いています。分布は中米。

ソバージュネコメガエル
Phyllomedusa sauvagii

自らの体から「ワックス」状の物質を出して体に塗り、乾燥を防ぐという技を持っています。跳ねるようなことはほとんどなく、歩くように枝の上を移動するため、体に見合った太さの枝を水平方向にレイアウトすることが環境設定のコツ。

テヅカミネコメガエル
Phyllomedusa hypochondrialis

小さなネコメガエルで、緑の多いビバリウムでの飼育シーンをよく見かけます。手足の指には水掻きがなく、枝や葉を掴むように移動する様子は日本のカエルのイメージとは違い、たいへんゆっくりです。昼間は葉の上などで休んでいます。

フトアマガエル
Pachymedusa dacnicolor

メキシコに分布するため、メキシコフトアマガエルと呼ばれることが多いです。がっしりとした体型で、体長は8cmほどと中型。虹彩は星空のように美しく魅力的です。特に通気面に注意し、びちゃびちゃな環境設定は好ましくありません。

87

スパーレルアカメアマガエル
Agalychnis spurrelli

アカメアマガエルによく似ていますが、虹彩の色が異なり、本種は深みのあるワインレッド色。脇腹には青や黄の模様は入りません。個体により背に白い斑紋が入るものもいます。たいへん上品な印象を受けるツリーフロッグです。

ヴァレリオアマガエルモドキ
Hyalinobatrachium valerioi

体の透けていることで有名なアマガエルモドキの仲間。斑紋や体色は、自らの卵に擬態したものという変わった生態を持ちます。流通量はたいへん少ないですが、近年わずかになされるようになりました。体長2cmほどとかなり小型の種。

アメリカアマガエル
Hyla cinerea

こちらはアメリカのアマガエルで、ニホンアマガエルよりもひとまわり大きく、顔つきもシャープ。下唇から脇腹にかけて白いラインが入るのが特徴的。この仲間は、昼間は葉上で休むことが多いので、見合う葉幅の植物を選択するとベター。

オオトガリハナアマガエル
Sphaenorhynchus lacteus

ある種のお菓子のような質感をしたカエル。体はやや透けていて、美しい緑色。名前のとおり顔の形がユニークで、平らな頭部の先は尖っています。水場にいることも多いので、ビバリウム内には池を設置してあげましょう。

カンムリアマガエル
Anotheca spinosa

やや大型のアマガエルの仲間。後頭部には冠をかぶったかのような突起が並んでいます。水のたまった木のうろなどで繁殖するので、筒状コルクや穴のある太い枝などを配すると落ち着きやすいです。国内でも繁殖例があります。

シナアマガエル
Hyla chinensis

大陸版ニホンアマガエルといったカエルで、鼻先から目の後方にかけて入る黒い帯模様と、脇腹から内股に黄色い模様と黒い斑紋が入るのが特徴。植物を多く配置したレイアウトによく似合う住人です。中国や台湾、ベトナムにかけて分布。

ハイイロアマガエル
Hyla versicolor

こちらは北米の小型アマガエル。ニホンアマガエルよりもひとまわり大型で、多少の変色能力があるものの通常カラーはグレー。緑主体のビバリウムではいっそうの存在感を放ちます。反面、時折見せる内股の黄色はより際立って見えます。

ブチアマガエル
Hyla punctata

緑色の体に、赤紫の小さな斑紋が多数入ります。鼻先から腰にかけても同色のラインが入るのが特徴。というのが通常ですが、気分によって赤紫の斑紋は鮮やかな黄色に変化して別のカエルのように見えます。ビバリウムによく似合う住人です。

ホエアマガエル
Hyla gratiosa

アメリカに分布するずんぐりしたアマガエル。個体によっては斑紋が入るものもいます。アマガエルの仲間としては中型で、丸みを帯びた体型は愛らしい印象を受けます。飼いやすく比較的ポピュラーなペットフロッグの1つです。

リスアマガエル
Hyla squirella

こちらも北米のアマガエル。大きさや外見はニホンアマガエルにそっくりです。名前は鳴き声がリスに似ているから。日本のアマガエルと同じく体色をよく変える様子がビバリウム内でも観察できます。飼育もそれに準じて良いでしょう。

シナロアヘラクチガエル
Triprion spatulatus spatulatus
（*Siaglena spatulata spatulata*）

特徴的な顔つきは成長と共に現れてきます。ミナミヘラクチガエルに比べて白いまだら模様が入って上品な印象を受けます。体長はミナミヘラクチガエルよりもふたまわりくらい大きくなります。

ミナミヘラクチガエル
Triprion petasatus

世界にはこんなに変わった顔のカエルがいます。名前のとおり鼻先がへら状になり、これは乾季に木のうろなどに体をうずめて顔で蓋をすることで乾燥から身を守る大切な役目を果たしています。珍しいカエルですが、国内繁殖個体の流通も。

ガラガラアマガエル
Hyla crepitans（*Hypsiboas crepitans*）

中米から南米かけて分布する中型のアマガエルの仲間。本種は虹彩の色がほのかに緑がかって美しいです。消灯後に活動するので、夜、こっそり懐中電灯でビバリウムを観察してみると、活動中のカエルたちの様子がよくわかります。

アオユビアマガエル
Hyla heilprini（*Hypsiboas heilprini*）

なかなか流通しない珍しいアマガエルです。虹彩は金色から黄色。樹上棲のカエルのビバリウムづくりのポイントは、彼らの休む場所となる葉幅の広い植物や、活動するためのしっかりとした枝を用意すること。通気もしっかりと。

ハロウェルアマガエル
Hyla hallowellii

南西諸島に分布するアマガエルで、本土のニホンアマガエルよりもスレンダーな体型をしています。ニホンアマガエルが草地や田んぼでよく出会うのに対し、本種は林や森の中で暮らし、時々、びっくりするくらい高い枝の上で鳴いていることも。

ニホンアマガエル（アルビノ）
Ranitomeya uakarii

最も身近なカエルの1つ。変色能力が高く、緑1色になったり、グレーがかったり、時には模様が出現したりとビバリウムでも観察していて楽しいです。野外に出かけて本種を見かけた場所をイメージした環境を作ってはいかがでしょうか。

ニホンアマガエル（アルビノ）
Hyla japonica

自然下でも稀に見つかるアマガエルの色彩変異。黄色い体色やピンクがかった肌色のものがいます。他の樹上棲カエルと同じく、広めのケースを用意すると通気も確保しやすいです。飼育は通常個体に準じます。

ニホンアマガエル（色彩変異）
Hyla japonica

アルビノ以外にもさまざまな変異個体が知られるニホンアマガエル。全身が青いタイプや黄色いものなどのほか、皮膚が透けているような変異も知られています。虹彩の金も見えなくなって大きな黒目に見えるかわいらしい変異です。

ジュウジメドクアマガエル
Phrynohyas resnifictrix

ミルキーフロッグの名で有名。縞模様の配色は独特で人気が高く、海外で殖やされた幼体が見かけられます。和名は金色の虹彩に十字模様が入るため。体を休められる植物と、洞のある流木などをレイアウトすると利用してくれるはずです。

モトイドクアマガエル
Phrynohyas venulosa

メキシコから中米・南米大陸中部あたりまで広く分布する本種は、さまざまな産地から輸入されてきます。体長10cmほどとボリューム感があり、しましまの四肢が愛らしいです。目の虹彩に入る細かな金の模様の美しさは強烈。

マダラアマガエル
Hyla marmorata
（*Dendropsophus marmoratus*）

小型の樹上棲種で、一見すると樹皮のような地味な配色をしていますが、ガラスなどに張りついた時に見せる腹面の模様はとても派手でインパクトがあります。南米のジャングルを模したビバリウムがよく似合うカエルです。夜行性。

フチドリアマガエル
Hyla leucophyllata
（*Dendropsophus leucophyllatus*）

美しい小型のアマガエルで、さまざまなカラーパターンが知られています。南米の森で暮らしており、やはり通気性のある飼育ケースに植物をレイアウトしたビバリウムでの飼育が適しています。指先や脇腹は赤いことが特徴の人気種です。

イエアメガエル
Litoria caerulea

ペットとして昔から飼育されている大型のカエルで、飼育も容易。餌食いも良く、笑っているような顔つきで愛らしいです。老成した個体は頭の皮膚が垂れ下がってきます。乗っても倒れないように太い枝をしっかりとセットしましょう。

キンスジアメガエル
Litoria aurea

後肢には水掻きが発達しており、全体的に日本のトノサマガエルのような体型をしています。同じく水辺に棲んでいるため、ビバリウムの設定は広い池を設けた床面積重視で。イエアメガエルと同様に餌食いが良く、飼育は難しくありません。

サバクアメガエル
Litoria rubella

アメガエル属は、オーストラリアやニューギニアなどに分布するアマガエル科のグループで、生活史もさまざまなものが含まれています。本種はサバクの名が付いていますが、乾燥した所から湿った場所などさまざまなところに棲んでいます。

クロマクトビガエル
Rhacophorus nigropalmatus

水掻きがとても発達した大型のトビガエル。輸入量が少ないうえに、入荷された時に状態を崩しているものが多いです。広大なケースの中に大きな植物をたくさん茂らせ、本種が似合うようなビバリウムを想像するだけで夢が膨らみます。

レインワードトビガエル
Rhacophorus reinwardtii

トビガエルの仲間は以前こそ輸入されてきた時の状態が悪く、飼育が難しいとされてきましたが、近年ではだいぶ良くなってきたようです。飼育のコツは風通しの良い広いビバリウムで、特に夏場の高温に注意することがポイント。

コケガエル
Theloderma corticale

名のとおり全身が苔模様をしたカエル。ベトナムの高地の渓流付近が生息場所。苔の緑の中に紛れてじっとしていると周囲と同化して見つけるのが難しいほど。ビバリウムでは池の中に入っていることがよくあるので、水場は広めに。

ナミシンジュメキガエル
Nyctixalus pictus

パールアイツリーフロッグという名で流通することが多いです。独特の体色と真珠のような目が魅力的な小型の樹上棲種ですが、飼育はやや難しく、夏場の高温時などに失敗する例が多いようです。輸入量はそれほど多くはありません。

シュレーゲルアオガエル
Rhacophorus schlegelii

モリアオガエルと同じく泡巣をつくって卵を産みつけますが、こちらは草むらや土の中など地表付近。モリアオガエルをだいぶ小型にしたような容姿ですが、本種の目は金色。ビバリウムのさまざまな場所を利用してくれるカエルです。

モリアオガエル
Rhacophorus arboreus

日本を代表する美麗種。地域や個体によって、斑紋などに差異が見られ、全く模様がないものから全身に赤い斑紋が入るものまで知られています。樹上に作られる泡巣は有名です。サイズが大きいのでしっかりとした枝を配します。

ベニモンイロメガエル
Boophis rappioides

マダガスカルには小型の樹上棲種がたくさんいて、魅力的な種類が時折輸入されてきます。本種もその1つで、緑がかった半透明の体に赤い斑紋が入り、鼻先から目を通って肩まで黄色い線が入ります。飼育環境の設定は、他の樹上棲同様。

アカメイロメガエル
Boophis luteus

有名なアカメアマガエルと似ていますが、本種の体はやや透けていて、グラデーションがかる赤い虹彩。マダガスカルの熱帯雨林に棲んでいます。体長は大きくても6cm程度。夜にビバリウムを覗くと大きな赤い目が緑の中で際立ちます。

アルグスクサガエル
Hyperolius argus

アフリカ大陸に分布するクサガエル科は、草むらなどで暮らす小さなグループが代表的で、目の大きなオオクサガエルの仲間、アルキガエルの仲間が棲んでいます。本種は代表的なクサガエルの1つで、サバンナを模した環境が似合います。

バナナガエルの仲間
Afrixalus ssp.

バナナガエルは、バナナの黄色い皮や中身の白い色をしていて、名前の由来は水辺付近のバナナの葉でよく見つかるからとのこと。鮮やかな白だったり、熟れた暗い黄色のバナナのような色などに変化し、とてもユニークです。

ムシクイオオクサガエル
Leptopelis vermiculatus

目が大きく、愛敬のある顔つきはとても人気が高く「ビッグアイツリーフロッグ」の名で流通することもあります。丈夫で飼育しやすいカエルで、樹上棲種の中でも初心者向き。体長6cm前後の中型種ですが、ボリュームがあります。

ビバリウムの住人
地上棲カエル

あまりビバリウムでの飼育イメージのない地上棲のカエルたち。土に潜ったりするなど、植物の根を痛めやすいからでしょうか。生息地にはもちろん植物がたくさん生えていて、土中の微生物が彼らの排泄物を分解して生じた栄養分を根から吸収しています。限られた空間であるビバリウムで彼らを飼うには、サイズの大きな個体の排泄は土壌バクテリアに分解を頼るのではなく、まめに除去してやることと、植物を傷めないよう高い場所に植えたり、植物の周囲を流木や岩などでガードするなどの方法があります。

ベニモンフキヤガマ
Atelopus spumarius
キマダラフキヤガマの地域個体群で、ベニモンフキヤガマは亜種とされることもあります。欧米で繁殖されたものが時折流通します。落ち葉などで隠れ家を用意してあげましょう。フキヤガマ属は中南米に分布。20〜22℃が適温です。

キマダラフキヤガマ
Atelopus spumarius
ヤドクガエルのような風貌をした小型のヒキガエルの仲間。たくさんの種が含まれますが、大半は輸入された例がありません。本種は顔つきが尖っていて、体はひとまわり小型。飼育環境もキオビヤドクガエルに準じますが、神経質な面も。

ステルツナーガエル
Melanophryniscus stelzneri
こちらも体長3cm未満の小型美種で、ヤドクガエルのような美しい配色をしたヒキガエル。真っ黒い体に黄色い小さな斑紋が多数入り、街の夜景のようです。手足の裏は強烈な赤い色。南米に分布し、水場付近の草むらが生活場所です。

アメリカミドリヒキガエル
Bufo debilis（*Anaxyrus debilis*）

平べったい体つきをした小型のヒキガエル。緑色の体に黄色と黒の斑紋が入ります。飼育環境はやや乾いた草原をイメージします。床面積を広くとり、小さな水場とシェルターを必ず設置すること。水やりはほどほどに乾燥気味の環境で。

ナンブヒキガエル
Bufo terrestris（*Anaxyrus terrestris*）

ずんぐりとした体型のヒキガエルで、体色や模様はさまざま。日本のヒキガエルのように、住宅付近から草地、林の中といった多様な環境に暮らしています。体長は8cm程度と中型。丈夫で飼育がしやすく、初心者向けのカエルと言えます。

ミドリヒキガエル
Bufo viridis（*Pseudepidalea viridis*）

ヨーロッパに広く分布する中型のヒキガエルで、やや胴長の印象を受けます。さまざまな場所で生活しているせいか、乾燥した環境に強く、たいへん丈夫で飼いやすい種です。さまざまなビバリウムに似合います。

ミツヅノコノハガエル
Megophrys nasuta

落ち葉のような風貌をした大型のカエルで、中には落ち葉の割れ目やカビ模様まである完成度の高い擬態技術。ジャングルの林床で暮らしており、落ち葉でレイアウトするとビバリウムに見事に溶け込みます。幼生は木の屑のような姿。

モモアカアルキガエル
Kassina maculata

アフリカ大陸の湿った場所で主に暮らす地上棲のクサガエル。後ろ肢の付け根が赤く、歩くように移動するのは名前のとおり。とはいえ、わりと立体的に活動するので、シェルターも兼ねて流木を入れたり、植物を植え込んだビバリウムで。

キンイロアデガエル
Mantella aurantiaca

アデガエルの仲間はマダガスカルの森に棲む小型種で、南米のヤドクガエルのように派手な色彩をしたものが多いです。本種は全身が黄色からオレンジ、中には赤いものも。耳のあたりに黒い斑があるものはクロミミアデガエルという別種。

ウルワシアデガエル
Mantella pulchra

学名（属名）からマンテラと呼ばれることも多いアデガエルの仲間。本種は流通量の多いほうで、ふくらはぎが強烈な赤い色をしているものもいます。ヤドクガエルよりも神経質で臆病なことが多く、繁殖例もほとんど知られていません。

バロンアデガエル
Mantella baroni

個性的な配色は、黒い水着を着ているかのようで、ほぼ同様の外観をしたハイレグアデガエルの名もそこから採られています。シャイなものが多いこの仲間では、それほど隠れてばかりでもなく、ビバリウムをいっそう彩ってくれる存在です。

ワカバアデガエル
Mantella viridis

アデガエルの仲間では入門種的存在で、上手に飼育している人が多いです。他種ほど強烈な配色をしていませんが、落ち着いた独特の配色をしています。湿った林床をイメージしたビバリウムが良いでしょう。ミドリアデガエルの名でも流通します。

モモアカアデガエル
Mantella crocea

名前のとおり、腿の部分が赤く染まっていますが、通常は見えません。一見すると、褐色や緑がかった体と側面の黒いラインの地味な配色ですが、跳ねた時などに見える腿の色は強烈な印象。飼育は難しいとされています。

コガタナゾガエル
Phrynomantis microps

頭が小さく胴長の体型をした地表棲のカエル。ジムグリガエルと同じヒメガエル科のカエルで、他種同様、口が小さいため体のわりに小さな餌昆虫を容易しなければなりません。アフリカのわりと乾燥した草原などで暮らしています。

ヒトヅラオオバガエル
Plethodontohyla tuberata

体長は4cmほどと小型のヒメガエル。マダガスカルに分布。地表面に石や流木などを置いて、隠れられる場所をいくつか用意します。やや湿った環境を設定してあげましょう。土に潜ることもあるので、植物が根づいてからカエルを入れます。

アメフクラガエル
Breviceps adspersus

たいへん人気の高いカエルで、輸入されてもあっという間に売切れてしまうほど。ブヨブヨした球形の体に小さな独特の顔つきと短い四肢。地面に潜っていることがほとんどで、黒土などを厚めに敷き、一部を湿らせた飼育環境の設定で。

ヒメトマトガエル
Dyscophus insularis

サビトマトガエルをずっと小型にしたような体型ですが、茶色や明るい茶色の体色と、やや地味な印象。落ち葉や枝、流木などを設置したビバリウムで。シェルターから出てくることは少ないですが、餌やりの時など時折姿を見せてくれます。

マダラアナホリガエル
Hemisus marmoratum

体長3cmほどと小型の地上棲種で、顔は小さく先が尖っています。アフリカの乾いた草原などで暮らし、主に地中生活を行うカエルです。赤玉土などを厚めに敷いて、全体を乾かすのではなく、湿度の勾配を設けておくと良いでしょう。

サビトマトガエル
Dyscophus guineti

大きさも色も形も、名前のとおり野菜のトマトとほぼ同じです。ただし、この赤さには個体差があって、黄色っぽいものから褐色のものなどさまざまです。体の大きなカエルの場合、それに見合った全身が浸れるような水場を設置すること。

オイランスキアシヒメガエル
Scaphiopyryne gottlebei

白地の体に赤と緑の斑紋と黒い編目模様。鮮やかな配色で人気の高いスキアシヒメガエルですが、ビバリウムではシェルターや床材の中にいることがほとんど。マダガスカルのごく狭いエリアにある、やや乾いた渓谷で暮らしています。

アミメスキアシヒメガエル
Scaphiophryne madagascariensis

こちらも土に潜る習性があるため、床材を厚めに。黒に近い褐色の体に、緑色の編目模様が入ります。日中はほとんど姿を見せることがなく、夜間に地表に出てきて餌を食べます。マダガスカルに生息し、体長は4cm程度。

ベルツノガエル
Ceratophrys ornata

生息地では地面に体を埋めて身を隠し、目の前を通りかかった獲物を貪欲に襲いかかる待ち伏せ型ハンター。ポピュラーで人気の高いカエルです。床材を厚めにし、植物が傷められないよう流木や炭片などで根元を保護するとベター。

クランウェルツノガエル
Ceratophrys cranwelli

ベルツノガエルに似ていますが、本種の体色は褐色で目の上の突起は長めです。乾燥した平原に棲んでいます。稀に野生個体の流通もありますが、大半は繁殖された個体で、さまざまな品種名が付けられています。

アプリコットツノガエル

幼体は薄く水を入れたプラケースに、飼育個体よりもやや大きめ炭片をいくつかと、排泄物の分解のため活きた水苔を入れて飼育する方法が良いでしょう。ただし糞を見つけたら取り除きます。コオロギのカルシウムとビタミンD3をまぶしてから与えます。

ペパーミントツノガエル

体長5cmを超えるようになったら、土を入れたビバリウムへ移行できます。植物は高台を作って根の周囲を炭片などで覆い、掘り起こされないような工夫をしましょう。床材は赤玉土などを。軽石は飲み込むおそれがあるので、使用しないほうが良いです。

アマゾンツノガエル
Ceratophrys cornuta

目の上の角状突起がよく発達し、マスクをしているように顔だけつるつるした肌質。湿った森で獲物を待ち伏せしています。餌を食べないことがあり、やや神経質だと言われています。落ち葉を入れたビバリウムで飼育すると良いでしょう。

サルミンヌマチガエル
Limnodynastes salmini

カメガエル科の種でペットとして流通するのは本種ぐらいです。オーストラリアに分布する地上生活を送るカエルで、土の中や物陰に隠れていることが多く、ビバリウムにもシェルターを設置してあげます。飼育は難しくありません。

オリーブサンバガエル
Alytes obstetricans

ヨーロッパに分布するカエルで、オスが卵を後ろ肢に付けて世話をするので産婆蛙という名前が付けられています。土の中に潜っていたり、物陰に潜むことを好むので、隠れ家を多めに。通気性を確保した飼育環境が好ましいです。

チャコガエル
Chacophrys pierroti

体長6cmほどの丸い体型をしたカエルで、ツノガエルのざらざらした皮膚と角状突起を取ったような容姿。愛らしく人気も高いです。やはり南米のパラグアイやアルゼンチンに分布しています。床材は厚めに敷きます。

ニホンヒキガエル
Bufo japonicus

山中から民家付近、都会の公園など、さまざまな場所で見かけられる身近なカエル。飼育環境のセッティングはツノガエルの成体に準じますが、本種は体がより大きいので、飼育ケースの容量も見合ったものを選びましょう。

コイチョウチョボグチガエル
Kalophrynus interlineatus

湿った森の中に棲んでいて、雨の降る晩などに落ち葉から出てきて活動をします。同じように、夜、照明を消灯した後に、たっぷりと霧吹きをすると出てきてくれるかもしれません。ゼンマイ玩具のようなぎこちない動きがユニークです。

シセンジムグリガエル
Kaloula rugifera

ジムグリガエルは、通常アジアジムグリガエルが流通の大半を占めていますが、時折、こういった珍種が流通することもあります。ジムグリガエルはほとんどを土中で過ごしますが、蓋は必須。角を伝って、登ることもあります。

チョウセンスズガエル
Bombina orientalis

安価なペットフロッグとして、昔からよく売られています。鮮やかな背とアカハライモリのように毒々しい腹面は印象的。水辺に暮らし、水棲傾向が高いので、水場面積の広いアクアテラリウムのようなビバリウムで。飼育・繁殖は容易。

ヘンドリクソンウデナガガエル
Leptobrachium hendricksoni

大きな目は赤からオレンジ、黒とグラデーションがかかり、強烈なインパクトを受けます。森の中の落ち葉の下などに隠れています。飼育は難しいとされていますが、ワラジムシなど動きの遅い餌や芋虫類などを与えると良いでしょう。

97

ビバリウムの住人
イモリ／サンショウウオ

イモリや外国産の有尾類は、ビバリウムで飼育するといっそう魅力的な仲間たちです。陸上と水場と必要に応じて使い分け、種類によっては繁殖期のみ尾が平たくなるなどいわば「水中仕様」に変身するものもいます。繁殖も十分に狙える種類が多いので、水場と陸場で展開される彼らの繁殖行動をビバリウム内で観察できるチャンスもあります。植物や流木、石などで物陰をたくさん設け、時期に応じて池の面積を広くしたり、水深を増してアクアテラリウムのようにすると良いでしょう。

フランスファイアサラマンダー
Salamandra salamandra terrestris
主に欧米で繁殖された幼体が亜種分けされて流通します。ヨーロッパの森で暮らしており、普段は倒木などの下に潜んでいます。水掻きは発達しておらず、ほとんど水場に入ることはありませんが、水容器とシェルターは必ず設置すること。胎生。

マダラファイアサラマンダー
Salamandra salamandra salamandra
本種にはさまざまな亜種が知られており、ほとんどが黒地に黄色からオレンジの斑紋が入る配色。斑紋の色や形はそれぞれ異なり、コレクション性の高い仲間です。いずれもビバリウムでは強烈な存在感を放ちます。蒸れと高温に注意。

マダライモリ
Triturus marmoratus
ヨーロッパのイモリの入門種。美しい体色に加え、丈夫で、繁殖期のオスは背びれのようなものが背に発達します。繁殖期は水中生活を送るべく体型や肌質まで変わりますが、それ以外は陸上生活を送るという、1種で2パターン楽しめるイモリ。

ブチイモリ
Notophthalmus viridescens

比較的よく見かけられる北米のイモリ。赤いものは幼体で、大人になるとオリーブ色に変化します。成長段階で生活シーンが異なり、幼体の時は陸上で生活し、成体になると水中が主な生活場所に。小さな餌昆虫を準備できれば飼育は容易。

アカハライモリ
Cynops pyrrhogaster

最も身近な有尾類。最近では産地名が付せられて流通しています。地域差や個体差が見られ、コレクション性の高い種です。水場の割合が広いアクアテラリウムを用意すれば、求愛行動などユニークな生態が観察できるので楽しいです。

カリフォルニアイモリ
Taricha torosa

アメリカに棲むイモリで、全長は20cm近くなります。ざらざらした皮膚が示すとおり乾燥には比較的強め。さまざまな水場付近に暮らしており、日本のイモリと同じく水場と陸場両方で活動します。皮膚からしみ出す毒は強いので注意。

ハナダイモリ
Cynops cyanurus

アカハライモリの同属種。非常に飼いやすく、ペットとしても人気の高いイモリです。お腹の色はオレンジ色で、顔まわりにもオレンジの斑紋が入ってかわいらしい顔つき。オスの尾は鮮やかな水色に染まります。

ブチフトイモリ
Pachytriton brevipes

イモリの仲間は、体表がざらざらしていることがほとんどですが、フトイモリの仲間はざらついていません。生活場所はほぼ水中です。水場の容量を多くしたビバリウムを用意しますが、オープンケースは避けるようにします。

ビハンイモリ
Paramesotriton caudopunctatus

コブイモリ属の1種で、この仲間は皮膚がたいへんごつごつしています。水棲傾向が高く、水場を広く用意します。本種の顔つきはユニークで、細長く尖っているのが特徴。時折、爬虫類・両生類専門店などで流通します。

キマダラツエイモリ
Neurergus crocatus

クロカタスツエイモリの名で流通します。イランやイラク、トルコなど中近東に分布するツエイモリの仲間は政情が不安定なこともあってなかなか見られませんが、欧州からの繁殖個体が輸入されてきます。ぶち模様は比較的大型。

ストラウヒツエイモリ
Neurergus strauchii

黒い体に鮮やかな黄色のスポットが入る美しいイモリ。キマダラツエイモリよりもコントラストが強いです。渓流付近で暮らし、ビバリウム内の水は常に清潔に保つよう心がけましょう。水温は高くても20℃までに抑えます。

イタリアクシイモリ
Triturus carnifex carnifex

アルプスクシイモリの亜種の1つ。クシイモリの生活史は独特で、陸で暮らす時期・水中で暮らす時期があり、両者に対応すべく見ためも別種のように変化させます。水棲期になると背にヒレ状の突起が伸長し、たいへん見応えがあります。

ダヌーブクシイモリ
Triturus dobrogicus

たいへん胴が長く、短い四肢の体型をしたクシイモリ。水棲期になると本種は特に背のヒレが発達し、愛好家の間で人気が高いです。このヒレはメスにアピールするためのもの。陸棲形態の時期は水に溺れてしまう事故もあるので注意。

アルプスミヤマイモリ
Ichthyosaura alpestris alpestris

クシイモリの仲間と同じく、陸棲・水棲形態を持ち、水中期は背にヒレ状突起が発達するほか、背中から尾にかけて鮮やかなブルーに染まり美しいです。見ためも飼育方法も同じ種で違うので、別の環境を用意してもいいかもしれません。

ミナミイボイモリ
Tylototriton shanjing

黒地にオレンジ色のイボ状突起が並ぶイモリ。よく似た種がいくつか流通します。陸棲傾向が高く、隠棲的ですが、繁殖期は他の両生類と同じく水場へ移動します。森の中の落葉や倒木の下に潜んでいることが多く、林床ビバリウム向け。

ダスキーサラマンダー
Desmognathus fuscus

アヒルのような扁平な顔がユニークなサラマンダー。アメリカに分布するムハイサラマンダー科の1種です。陸棲傾向が強く、隠れられる落葉やシェルターなどを配置します。高温を避け、通気の良い環境と清潔な水の供給がキー。

ツーラインサラマンダー
Eurycea bislineata

和名はキタフタスジサラマンダー。小型のムハイサラマンダーで、全長は10cmほど。日本のハコネサンショウウオのような突出した目がかわいらしい仲間です。夜行性なので、消灯前に霧吹きをして活動を促してあげると良いでしょう。

ドウクツサラマンダー
Eurycea lucifuga

細身の体は鮮やかな朱色で、黒いスポットが入ります。通常はケイブサラマンダーの名で流通します。名前のとおり光の当たらないような暗い場所を好み、物陰に隠れていることがほとんど。通気性を確保し、夏場の高温に注意します。

キタヌメサラマンダー
Plethodon glutinosus

スライミーサラマンダーの名で知られるムハイサラマンダー科の1種。やや大型で、20cm近くなるものもいます。名前は、手で触ると粘り気のある粘液が付着するところから。倒木や落葉などを配した涼しげなビバリウム向け。

スポットサラマンダー
Ambystoma maculatum

ペットとして古くから知られ、美しい黄色のスポットが入る外見やずんぐりした体型の愛らしさから人気があります。地中によく隠れているので、床材は厚めに。植物の根の周辺は岩や流木でガードすると良いでしょう。

マーブルサラマンダー
Ambystoma opacum

スポットサラマンダーよりふたまわりほど小型で、さらにずんぐりした体型がかわいいです。土の上に苔を敷いておくとその間に潜り込んでいたりします。飼育環境に慣れると、ケースの前に立つだけで餌をねだりにくることもあります。

ジムグリサラマンダー
Ambystoma talpoideum

モールサラマンダーの名で知られています。同属他種よりもさらにずんぐりした体型をしており、頭でっかちの外観は愛らしく人気の高い種です。地中棲傾向が高いので床材は厚めに敷くようにします。ペットとしての流通は散発的。

レッドサラマンダー
Pseudotriton ruber

若い成体は鮮やかな赤色ですが、歳を重ねるとオレンジ色にくすんできます。胴や尾は太いです。高温に弱く、通常は冷蔵庫やワインセラーなどで飼育されています。エアコンの効いた部屋や観賞魚用クーラーなどを使用したいところです。

ビバリウムの住人・樹上棲トカゲ

トカゲの仲間は大きなグループで、カエルと同じく、世界中の多様な環境に適応して暮らしています。特に、樹上を生活場所とするものは、ビバリウムで飼育されることが多いです。中でも、木の上で枝を掴んで渡るカメレオンは、姿そのものが植物の葉や枝に擬態しているように、緑を入れると落ち着きやすく、よく似合います。カロテスやキノボリトカゲといった比較的小さなトカゲや、ヘラオヤモリも同様。ヤモリの仲間では他にヒルヤモリなども、ビバリウムで飼育されているシーンがよく見かけられます。

ピカソカメレオン
Bradypodion damaranum

ブラディポディオン属の仲間は、ドワーフカメレオンの名で知られるように、小型美種が揃う人気のグループ。体色変化もはげしく、見ていて楽しいカメレオンです。風通しの良い蒸れた環境を避け、比較的乾いた飼育セッティングをすると好結果に繋がりやすいです。

ピーコックカメレオン
Trioceros wiedersheimi

名のとおり、たいへん美しいカメレオン。興奮したオスの配色はまさにクジャクのようです。植物をたくさん配した、広めの飼育環境が適していて、ビバリウム向けのカメレオンと言えます。昼夜で温度差を設けると好結果に繋がりやすいです。

カンパニーカメレオン
Furcifer campani

ジュエルカメレオンとも呼ばれるとおり、宝石のような配色の小型美種。丸みを帯びた体型も愛らしく、人気が高いです。マダガスカルの高地に生息しており、寒さに強い面も。複数個体を同居させても、さほど問題は起こりません。

カーペットカメレオン
Furcifer lateralis

マジョール産と言われるタイプ。右がオスです。マダガスカルを代表する美しい種の1つで、輸入量も多く、丈夫な種。生息域はさまざまです。ビバリウムの環境は植物と枝で「道」をつくり、通気性の高い状態を保ちます。高温にも強い部類。

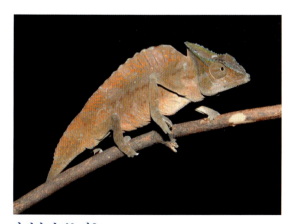

ホカケカメレオン
Trioceros cristatus

オスは赤茶色、メスは緑の体色で、短い尾は葉の柄のよう。全体的に大きな葉のような形をしています。動きが極端に少ないカメレオンで、表情を読み取るのが難しい、玄人向けの種。光に対して敏感な皮膚には、自分の足の痕さえ残ります。

プフェファーカメレオン
Trioceros pfefferi

物怖じしない性格と活発な動き、協調性の高さから、1つのビバリウムで複数匹を飼育できるカメレオン。飼育もこの仲間では容易な部類に入ります。入荷量が少なく、以前は幻の種とされていました。国内繁殖個体の増加が望まれています。

ジャクソンカメレオン
Trioceros jacksonii

3本角のカメレオン。3亜種がおり、写真は最も小型のメルレモンタヌス亜種。亜種によって、メスの角の本数が違います。胎生で、直接幼体を出産しますが、育成はなかなか難しいです。小さな餌昆虫を回数多く与えられるかがコツの1つ。

タベタヌムカメレオン
Kinyongia tavetana

全長20cmほどの小型のカメレオンで、オスは1本のギザギザした角が生えています。活動的で動きも速い反面、臆病な性格とちょっとやっかいなタイプ。高温に弱く、シェルターを兼ねて植物をたくさん植えてあげましょう。

テヌエドワーフカメレオン
Kinyongia tenuis

細長い体型をしたカメレオンで、オスは小さな四角い角があるのに対し、メスはトウモロコシのような形の青い色。また、メスの角は柔らかくて触ると曲がり、とてもユニークです。体に比べて小さめの餌をまめに与えます。

ディレピスカメレオン
Chamaeleo dilepis

大きな耳のようなフラップが特徴的なカメレオンで、威嚇の際などはこれを動かして片方だけ広げたりします。緊張すると体に黒い斑点が現れたり、気分が良いと全体が明るい緑色になるなどよく体色が変化します。わりと明るい場所が好き。

ヒゲカレハカメレオン
Rieppeleon brevicaudatus

タンザニアに棲む半地表棲カメレオン。目のある落ち葉のような姿で、擬態レベルは非常に高いです。地表付近で生活し、枯れ枝や枯れ葉を入れたビバリウムを用意するほか、植物やコルク板などで暗い場所を設けた環境で。

デカリーヒメカメレオン
Brookesia decaryi

マダガスカルの林床で暮らすヒメカメレオンは、木の葉というよりも、木の枝に擬態しているかのような容姿。薄暗い地面にいることが多いため、地を這うようなツル植物や落ち葉などをレイアウトし、暗い場所をつくるとベター。

樹上棲トカゲの環境設定

主に森の中で、木の上を生活場所とするトカゲです。基本的に高さのあるケースで、ある程度の湿度が要求されますが、ヤドクガエルのような飼育環境をそのまま縦方向に伸ばしてもうまくいくとは限りません。小さなカエルに比べて、土壌バクテリアの分解量を超える量の排泄物をすることが大半だからです。体を支えるため、枝や幹に食い込むような鋭い爪を持っているので、植物も痛めやすい点も挙げられます。緑豊かなビバリウムで飼育する際は、糞を見つけたら取り除くこと、個体に比べて大きなケースに丈夫な植物を植え込むこと、場合により鉢ごと入れることなどがコツ。ビバリウム全体を見渡した、小さな生態系のバランスが大事です。

カメレオンモリドラゴン
Gonocephalus chamaeleontinus

代表的なモリドラゴンで、個体ごとに異なるほどさまざまな配色をしています。薄暗い環境を好むので、照明は弱めにするか丈夫な植物を茂らせます。止まり木は太めの枝を垂直方向にセットしましょう。飲み水は滴を垂らすようなドリップ式で。

ドリアモリドラゴン
Gonocephalus doriae

大型のモリドラゴン。オスは赤みがかった茶色、メスは黄緑色をしています。やはり太い枝を立てるように設置するとじっと止まっていることが多いです。この仲間はあまり高温に強くないので、高い場所でも温度は28℃程度に調整します。

ベトナムクシトカゲ
Acanthosaura capra

モリドラゴンと同じような環境を用意しますが、全長は30cmほどと小型で、ビバリウム向けです。名のとおり櫛のような突起が後頭部からうなじにかけて並びます。霧吹きなどで湿度を高めると共に、風通しの良いケースを選びましょう。

マレークシトカゲ
Acanthosaura armata

目の上に刺のような突起が生えた美しいトカゲです。太めの枝や流木を縦方向にセットすると落ち着きやすいです。他種同様、薄暗い環境を好むので、幅の広い植物か弱めの爬虫類用蛍光管を照射します。入荷量はそれほど多くありません。

ベニクシトカゲ
Acanthosaura lepidogaster

全長30cmに満たない小型のクシトカゲで、ビバリウムによく似合います。マスクをしたような顔つきがユニークで、配色に個体差があり、さまざまな色彩をしています。クシトカゲは半樹棲に近いので、ある程度の床面積も確保するとベター。

トガリツノハナトカゲ
Ceratophora stoddartii

まさにビバリウムにふさわしい小型の樹上棲種で、愛好家垂涎のトカゲです。植物を痛めることもほとんどなく、緑の中で枝に止まっている姿はたいへんかっこいいです。スリランカの森に棲んでいるため、流通量は極端に少ない点が残念。

イロカエカロテス
Calotes versicolor

名前のとおり、変色能力の高いトカゲで見ていると瞬間的に模様が出たり消えたり、全体的な色合いが変わったりします。中央アジアからインド、東南アジア、中国南部までと生息域が幅広く、各々で環境の設定もやや異なります。

クロクチカロテス
Calotes nigrilabris

こちらも変色能力の高いトカゲで、全身が緑色だったり、オスは全身が真っ黒に変わったりします。がっしりした体型でたいへん魅力的な種ですが、野生動物の輸出を原則的に禁止しているスリランカの固有種のため、入荷は滅多にありません。

コブハナアガマ
Lyriocephalus scutatus

世界中の愛好家が憧れているスリランカ固有の半樹上棲アガマ。標高の高い雨林に棲み、鼻先のコブで地面を掘ってミミズなどを食べるそうです。変色能力も高く、下腹部が鮮やかな水色に染まる時も。国内での繁殖例もわずかに知られています。

キノボリトカゲ
Japalura polygonata

日本に分布する唯一のアガマ。ビバリウムで飼育されていることも多いですが、オスはテリトリー意識が高いため、収容する匹数は控えめに。単独またはオスは1匹に留めたほうが良いです。裏側に隠れられるような太めの枝を入れたいところ。

コウロコニセカロテス
Pseudocalotes microlepis

カロテスの名が付いていますが、別の属の種。小型で植物を植え込んだビバリウムでよく映えます。一見すると地味な配色ですが、普段は見えない喉のひだを広げると黄色とえんじ色の配色で驚かされます。丈夫なトカゲですが、入荷は稀。

105

ギュンターキノボリカナヘビ
Holaspis guentheri

最も美しいトカゲの1つ。全長は10cmほどと小型ですが、その小さな体に鮮やかな青い尾と黄色と黒のストライプが印象的で人気も高いです。アフリカ大陸の林に棲んでいます。動きがすばやいので、脱走に注意。

ジャクソンモリカナヘビ
Adolfus jacksonii

動きが活発で、立体活動をよく行うカナヘビ。全長は25cmほどと中型。アフリカの森に棲むトカゲですが、道路上などさまざまな場所で見つかっています。飼育は容易で、温度への適応範囲も広いです。

ノコヘリカンムリトカゲ
Laemanctus serratus

非常に尾の長いトカゲで、樹上での生活に適応した細長い体つきをしています。頭頂部は平たく、後頭部にあたる部分がギザギザとした形状。植物をふんだんにレイアウトした環境を好みます。飼育の際は特に通気面の確保を意識しましょう。

トギレヘルメットイグアナ
Corytophanes hernandesii

モリドラゴンのように、木の幹に止まって生活するイグアナ。環境の設定もモリドラゴンに準じます。ビバリウムでもじっとしていることがほとんどですが、広いケースを使用したほうが環境の設定を行いやすく、好結果に繋がりやすいです。

クチボソハガクレトカゲ
Polychrus acutirostris

細長い体型をした樹上棲のイグアナで、カメレオンイグアナとも呼ばれるように、尾を枝に巻き付けたり、目を左右バラバラに動かすことができます。他に、ノギハラハガクレトカゲ、タテガミハガクレトカゲなどが流通することも。

フトヒゲカメレオンモドキ
Chamaeleolis barbatus

とてもおとなしく、動きもゆっくりとしていて、ハンドリングもできるトカゲです。名前は、カメレオンのように左右別々に動かせる目などの特徴から。流通量がまだ少ないのですが、ビバリウムに似合う、丈夫でペット性の高い種です。

アオキノボリアリゲータートカゲ
Abronia graminea

メキシコの雲霧林に暮らす、青い体色が強烈な樹上棲トカゲ。長い尾は枝に巻き付けることができ、ビバリウム内でも巧みに移動する様子が観察できます。通気性の確保が大切。びちゃびちゃな環境は避け、乾いた場所を広めに取ります。

テキサスアリゲータートカゲ
Gerrhonotus liocephalus

大型のアリゲータートカゲで、細長い体型と短い四肢・長い尾は樹上生活に特化したもの。おっとりした動きで、尾を巻き付けて指にぶら下がったりできるくらい慣れてくれることが多いです。石と多肉植物などが向いているでしょうか。

ミドリホソオオトカゲ
Varanus prasinus

エメラルドツリーモニターの名でも知られています。写真は青みの強い個体。大型で力の強いオオトカゲはビバリウムを壊してしまいますが、本種のような樹上棲種には、太い枝と大型の植物などを配してレイアウトをしても良いでしょう。

樹上棲ヤモリの環境設定

世界中のさまざまな環境で暮らすヤモリの仲間。ペットとして人気の高いヒョウモントカゲモドキや身近なニホンヤモリ、エキゾチックで独特の肌質をしたミカドヤモリの仲間など実に多くの種が含まれ、ひと口にヤモリといってもたいへん巨大なグループです。ここでは、その中でも植物を植え込んだビバリウムで飼育されることの多い種を中心に取り上げます。樹上棲トカゲの環境設定と異なる点は、昼行性のヒルヤモリを除き、紫外線の要求量がほとんどないので、一般的な観賞魚用蛍光管で済むことや、壁面にくっついて登れる点。動きが速い種などでは特に脱走に注意することも挙げられます。ジャンプして飛び下りることもあるので、地面には土が敷いてあるとベター。

エダハヘラオヤモリ
Uroplatus phantasticus

ヘラオヤモリの中では小型で、ヤドクガエルのビバリウムに、止まれるような枝をいくつか渡したような飼育環境を用意します。爬虫類の中でも、ヘラオヤモリの擬態レベルはトップクラス。本種は虫に食べられたような形をした尾の個体もいます。

エベノーヘラオヤモリ
Uroplatus ebenaui

エダハヘラオヤモリに似ていますが、本種の尾は葉っぱの形ではなく短い枝のような細い形。本種をはじめ、何かに擬態しているものは、その擬態対象のものをビバリウムに取り入れるとよく似合います。本種の場合は、落ち葉や木の枝。

ヤマビタイヘラオヤモリ
Uroplatus sikorae

マダガスカルの森で暮らすヘラオヤモリ属の1種。この仲間では中型。地衣類や苔が生えているかのような体色はビバリウムに溶け込んでしまうほど擬態レベルが高いです。太い木とぶら下がれるような枝を配し、通気性も確保します。

スジヘラオヤモリ
Uroplatus lineatus

わりと乾いた竹林などで暮らし、外見も竹笹のよう。ヘラオヤモリの仲間では飼いやすい種です。外観から生息地を推察してビバリウムに反映させてやるのも1つの手法。この仲間は夜懐中電灯で照らすと活動する様子がわかって楽しいです。

オオバクチヤモリ
Geckolepis maculata

体が大きな鱗に覆われていて、光の具合で1枚1枚が虹色に輝く美しいヤモリです。ただし、手で触れるなどの刺激を与えると鱗が剥がれやすく、扱いには注意します。マダガスカルに分布。流通は時折見られます。

キガシライロワケヤモリ
Gonatodes albogularis

ヤモリの仲間では珍しい昼間に活動する仲間です。近年、海外から繁殖されたものがいくつか輸入されるようになってきました。小型美種揃いで、ビバリウムでも映えますが、動きが速く、何よりも脱走に注意します。

スベトビヤモリ
Ptychozoon lionotum

驚くことに滑空するヤモリです。脇腹や四肢、尾は飛ぶための皮膜が発達しています。乾燥した環境を避け、通気の良い環境を整えます。湿度を高めるには、霧吹きに加えて、植物をふんだんに植え込むと良いでしょう。

アグリコラエクチサケヤモリ
Eurydactylodes agricolae

ニューカレドニアの森に棲む小型のヤモリで、口が裂けたかのような顔つきをしています。カメレオンゲッコーという別名は、ゆったりとした動きから。植物を植え込んだビバリウムで、やや湿度を高めにした環境が好ましいです。

107

ニホンヤモリ
Gekko japonicus

身近な爬虫類で、都心部でもよく見かけられます。部屋に侵入してくることも多く、それが生息環境だとすれば室内放し飼いがビバリウムといえるのかもしれません。ビバリウムの環境設定は、あなたが見かけた場所を参考にしてみてください。

バナナヤモリ
Gekko badenii

名のとおりバナナのような明るい黄色が美しいヤモリです。壁面棲。平たい流木やコルク板などをたてかけてやるようにレイアウトするとそこに貼り付きます。葉や茎のやわらかい植物だと痛みやすいので、しっかりとしたものがベター。

フタホシヤモリ
Gekko monarchus

こちらも壁面棲のヤモリで、バナナヤモリもよりやや小型。東南アジアに広く分布し、日本のニホンヤモリやホオグロヤモリのような存在です。自然物にこだわらず、思い切って人工物などを配してやるのも彼らの生息環境にマッチします。

オウカンミカドヤモリ
Rhacodactylus ciliatus

国内外、主に欧米で繁殖された幼体が流通しています。飼育は容易で、動きもゆったりとしていることに加え、ハンドリングをすると独特のもちっとした肌触りです。例外的に爬虫類用の蛍光管を照射したほうが良いでしょう。

ツノミカドヤモリ
Rhacodactylus leachianus

ニューカレドニア原産の樹上棲種。全長は15cmほどと中型で、国内外で繁殖されたさまざまなタイプが流通します。森林が生活場所。通常はシンプルな飼育セッティングで飼われますが、ビバリウムにもよく似合う住人です。

ツギオミカドヤモリ
Rhacodactylus leachianus

大型かつボリュームのあるヤモリで、ヤモリの仲間では最大種の1つ。さまざまなローカリティのものが知られています。うろのある丸太のような太い木を配してやると良いでしょう。飼育下では筒状のコルクなどがよく利用されています。

ハスオビビロードヤモリ
Oedura castelnaui

多少の個体差があるものの、ヤモリにしてはゆったりとした動きで、成体はハンドリングできるのも多いです。手に乗せてみると、心地の良い滑らかで柔らかい感触。体色の明暗を変化させることができます。最もペット的な樹上棲種の1つ。

マツゲイシヤモリ
Strophurus ciliaris

オーストラリア原産のイシヤモリ。黄色の斑紋の入り具合や面積は個体ごとに異なり、この仲間では全長15cmほどと最大で、美しさも手伝って人気種の1つです。乾燥した林を模したレイアウトを心掛けると良いでしょう。

ミナミトゲイシヤモリ
Strophurus intermedius

インターメディウスイシヤモリの名でも流通します。モノトーンのシックな配色は上品な印象。虹彩の赤が強烈なインパクトです。こちらも乾いた林をイメージしたビバリウムで、枝など彼らの活動場所も用意してあげます。

ヘリスジヒルヤモリ
Phelsuma lineata

派手な配色をしたものが多いヒルヤモリは、緑の多いビバリウムによく似合い、昼間活動し、観察していて楽しい仲間です。地上で活動することはほぼありません。難点は動きがすばやいことと、糞でガラス面を汚しやすい点などが挙げられます。

ネオンヒルヤモリ
Phelsuma klemmeri

ヨーロッパでは、ヤドクガエルのビバリウムで一緒に飼育されているシーンが見かけられますが、ヤドクガエルに負けないほど美しい容姿をしています。このように、全く別の地域の生き物でも、飼育環境の設定が似ているケースはよくあります。

ケペディアナヒルヤモリ
Phelsuma cepediana

最も美しいヒルヤモリの1つ。人気も高く、ビバリウムにもよく合いますが、動きはとても俊敏。「脱走した時が一番きれいだった」という声もあるように、大きなケースで自由に動き回れる空間を用意すると、本来の発色を見せてくれるはずです。

プロンクヒルヤモリ
Phelsuma pronki

ヒルヤモリの仲間は全てマダガスカルまたは周辺の島々に分布しています。鮮やかな緑色をした印象の強いグループですが、本種は灰色と褐色のストライプに黄色みを帯びた頭部と、個性的な配色。飼育環境の設定は他のヒルヤモリに準じます。

オオヒルヤモリ
Phelsuma madagascariensis

ハイパーレッドやフレイムなどの名で流通する本種の品種。緑の体色に赤い斑紋が入るのが特徴な本種ですが、その赤い部分を大幅に増やしたものです。名前のとおりヤモリでは珍しく昼間活動し、植物主体のビバリウムで映える種が多いです。

スタンディングヒルヤモリ
Phelsuma standingi

オオヒルヤモリと並んで、本属では最大種の1つ。さまざまな原色で構成される同属他種の中では、グラデーションがかった淡い水色は上品。体重が重く、植物を傷めやすいので、ヘデラなどのツル植物など丈夫なものが向いています。

メルテンスヒルヤモリ
Phelsuma robertmertensi

ヒルヤモリの中では最大10cmほどとやや小型の美種。蛍光ブルーの背や尾の発色は、緑主体のビバリウムではいっそう映える存在となるでしょう。飼育は他のヒルヤモリに準じます。流通はごくわずか。コモロ諸島に分布。

カンムリマルメヤモリ
Lygodactylus kimhowelli

マルメヤモリの仲間も昼間活動する種で、小型種揃い。本種は青みがかったグレー地の体に黒いストライプが入り、頭部が黄色く染まります。乾燥した林に棲むので、緑主体のビバリウムでもひらけた場所をつくりましょう。

キガシラマルメヤモリ
Lygodactylus luteopicturatus

黄色い上半身と青い下半身が塗り分けられたかのような小型美種。ビバリウム飼育での注意点は、まず脱走。体が小さいのでコードを通す穴やスライド式の蓋などの隙間は埋めておくように。いつの間にかケース内に卵を産み付けていることも。

109

ビバリウムの住人
温帯＆地上棲のトカゲ

ここで紹介するトカゲたちは、砂漠や半砂漠、岩場、草原から、熱帯雨林の林床までさまざまな場所に暮らしています。種ごとでだいぶ様子が異なってきます。岩場のものは岩組みをし、砂地に棲む種には細かな砂を敷いてやるなど、各々で工夫するとよいでしょう。飼育ケースは床面積の広いものを選びますが、亜熱帯に棲むアオカナヘビなどは樹上棲傾向が高いので、床面積に加えて高さのあるものが向いています。なお、砂漠で暮らす種類でも水容器は必須です。

ヒガシニホントカゲ
Plestiodon finitimus
身近なトカゲで幼体時の尾は濃いブルーで美しく、また、繁殖期のオスは頭部を中心に赤く染まり、たいへん魅力的なスキンクです。林縁や石垣などでよく見かけられます。飼育にあたっては水が切れないように配慮します。

アオカナヘビ
Takydromus smaragdinus
細長い体型と非常に長い尾は、草地や藪などを移動しやすいため。生息地の沖縄などでは、平地の畑や草むらなどでよく見かけられます。緑色をしたほうがメスで、側面が茶色の個体はオスと、メスのほうが派手な色彩です。

ミナミカナヘビ
Takydromus sexlineatus
アオカナヘビと同属のトカゲで、同じように細長い体に長い尾を持っています。細い枝や葉幅の狭い枚数の多い植物でレイアウトすると、その間や上を巧みにするすると移動する様子が観察できます。明るい環境を好みます。

ソメワケササクレヤモリ
Paroedura picta
ヒョウモントカゲモドキと並び、繁殖まで狙えるヤモリの入門種。マダガスカルの比較的乾燥した林床に棲んでいます。飼育環境への適応幅が広く、飼いやすいです。模様や体色などさまざまなものが流通しています。

シュライバーカナヘビ
Lacerta schreiberi
ヨーロッパのイベリア半島に分布する中型のカナヘビで、たいへん美しい体色です。やや湿った環境で暮らしており、ビバリウムには湿度に勾配を設けてやるとよいでしょう。国内外で繁殖された幼体が主に流通します。

111

ニホンカナヘビ
Takydromus tachydromoides

ニホンヤモリと並び、最も目にする機会の多いトカゲではないでしょうか。さまざまな環境で見かけられ、庭先などでもよく出没します。アオカナヘビよりも樹上棲傾向は低いですが、立体活動もできるようにレイアウトすると良いでしょう。

トウブクビワトカゲ
Crotaphytus collaris collaris

アメリカ合衆国からメキシコにかけての乾燥した岩場などで暮らす地上棲のトカゲです。爬虫類用蛍光灯とスポットライトを照射し、流木や岩などで隠れ家を兼ねて多少の立体活動ができるようにします。美しさに加えて愛らしく、人気が高いです。

マスクゼンマイトカゲ
Leiocephalus personatus

ゼンマイトカゲの名は、尾をクルクルと巻く行動から。本種はさらに顔に黒い模様がマスクのように入るため、この名が付けられています。日光浴が好きなので、爬虫類用蛍光管とホットスポットを設置すると良いでしょう。

サバクツノトカゲ
Phrynosoma platyrhinos

ミニチュアの恐竜のような顔つきですが、小型で愛らしいトカゲです。北米大陸の乾燥地帯に棲み、飼育下でも砂に潜ることがあるので、細かな砂と岩などを組み合わせたレイアウトに。極小の昆虫を多めに与え、水容器は浅く水をはって常設します。

トーマストゲオアガマ
Uromastyx thomasi

オマーントゲオアガマとも呼ばれます。この仲間では珍しく松ぼっくりのような短く、丸い形状の尾をしています。これは巣に逃げ込んだ際に尾を蓋のように使うためとされています。岩やカクタススケルトンなどがレイアウトに有効的。

フトアゴヒゲトカゲ
Pogona vitticeps

ペットとして国内外で人気の高い種で、さまざまな品種が見かけられます。おとなしい個体が多く、ハンドリングもでき、雑食性で野菜や野草のほか専用フードも市販されています。シルクバックなど、刺状の鱗が欠損した品種も作出されています。

ローソンアゴヒゲトカゲ
Pogona henrylawsoni

フトアゴヒゲトカゲよりもひとまわり小型で、体型もずんぐりしています。下顎の刺状突起もそれほど発達しません。飼育感覚はフトアゴヒゲトカゲとほぼ同じ。乾燥した草原や林、砂漠をイメージしたビバリウムがマッチします。

キンバリーイヤーレスドラゴン
Tympanocryptis tetraporophora

オーストラリアの小型ドラゴン。名前のとおり外耳孔が見えないのが特徴で、乾いた草原が生息場所です。全長は6cmほどと小さく、小さな砂漠系ビバリウムでも飼育でき、多肉植物など乾燥に強い植物を配して楽しみやすいトカゲです。

ヒメトゲオイワトカゲ
Egernia depressa

種名からデプレッサイワトカゲと呼ばれることが多いです。属内でも小さい種で、砂漠などに岩場に棲んでいます。岩組みをする際は、岩をしっかりと組んでから砂を入れて、安定させると事故の危険性が低く安全です。

ニシアフリカトカゲモドキ
Hemitheconyx caudicinctus

さまざまな品種が流通するほか、野生捕獲個体も見かけられます。繁殖された幼体のほうが飼いやすいです。ヒョウモントカゲモドキに似た容姿ですが、飼育は本種のほうがやや難しく神経質な面があります。ウェットシェルターの設置が有効。

ナメハダタマオヤモリ
Nephrurus levis

大きく真っ黒な丸い目と、小さな体、尾の先に付いた球のような突起。体を持ち上げて尾を立てて威嚇しますが、その姿でも愛らしいヤモリです。乾燥した砂地に穴を掘って生活しており、飼育下でもシェルターに潜んでいることが多いです。

ボウシイシヤモリ
Diplodactylus galeatus

オーストラリアの乾いた林などに棲んでいます。岩場などに潜み、夜になると餌を求めて活動します。淡い色調の体に斑紋が入り、上品な印象を受けます。小型のビバリウムでも飼育可能。赤い細かな砂がよく似合います。

ナキツギオヤモリ
Underwoodisaurus milii

学名からアンダーウッディなどと呼ばれることが多いオーストラリアの地表棲種。マダガスカルに棲む希種、マソベササクレヤモリに似た容姿をしていますが、本種の色彩は薄く体つきは扁平で、飼育はさほど難しくありません。

モザイクイシヤモリ
Diplodactylus tessellatus

名前のとおりモザイク模様が入るものや、模様のないもの、スポット状のものなど斑紋はさまざまで、色調も個体差が見られます。本種も地上で生活し、昼間は岩陰などでじっと休んでいます。底面積を広くとったケースを用いましょう。

ハイナントカゲモドキ
Goniurosaurus hainanensis

通常は深みのある赤い虹彩をしていますが、写真は珍しい黒い目をした"ブラックアイ"というタイプ。この仲間は東アジアの林床に棲んでおり、ウェットシェルターを設置します。本種は乾燥にも強く、飼育・繁殖共に容易な部類。

ゴマバラトカゲモドキ
Goniurosaurus luii

トカゲモドキの名前が付けられている種はたくさんいて、よくヒョウモントカゲモドキと同じような乾燥した飼育環境で飼えると勘違いされることもあります。本種は湿った森林の中が生活場所。砂ではなく土を敷き、薄暗い環境を好みます。

アシナガトカゲモドキ
Goniurosaurus araneus

こちらも森林の中に棲むトカゲモドキ。属中最大で、ベトナムトカゲモドキの名でも流通します。隠棲的な傾向が高いため、隠れ家を複数用意し、乾いた環境ではなく、湿度の高いビバリウムを用意しましょう。

ヒョウモントカゲモドキ
Eublepharis macularius

荒れ地などの乾燥した場所に暮らす地上棲ヤモリですが、流通の大半は繁殖個体。さまざまな品種が知られています。飼育・繁殖共に初心者向け。

ハイイエロー
High Yellow

ノーマル個体を指すことも多いです。現在、数えきれないほどの品種は、このハイイエローから始まりました。黄色の強さは個体ごとに異なりますが、ヒョウモントカゲモドキは子に形質が受け継がれやすい特徴があります。

アフガン
Afghan

野生型の1つで、アフガニクスとも呼ばれます。成長するとバンド模様が薄く、全身がイエローと黒のスポットという配色になり、まさにヒョウ柄と言える品種。他の野生型よりもひとまわり小さい傾向です。砂礫ビバリウムが似合います。

マックスノー
Mack Snow

黄色が少なく、白黒を主とした配色の品種。遺伝の仕方が独特で「共優性遺伝」というもの。たとえばノーマルとマックスノーの子は半分がマックスノーとなり、マックスノー同士だと1/4がスーパーマックスノーが誕生します。

スーパーマックスノー
Super Mack Snow

マックスノーのスーパー体。スーパーマックや略してSMSと表記されることも。本品種同士だと100%スーパーマックスノーが誕生します。真っ黒な目と地白に黒い斑点が非常にかわいらしく、大人気の品種です。

トータルエクリプス
Total Eclipse

マックスノーエクリプス同士を掛け合わせて作出されたもので、そのスーパー体。つまり、スーパーマックスノーエクリプスのこと。鼻先や四肢が白抜けするのが特徴的。これはエクリプスの作用が働いているためです。

サイクスエメリン
Sykes Emerine

エメリンとは、エメラルドとタンジェリンを足した意味。黄色みの強い地色に、うっすらと緑色のラインが入るものをエメリンと呼びます。サイクスエメリンは、アメリカの有名ブリーダーの名が冠せられた血統のこと。

タンジェリン
Tangerin

濃いオレンジ色の体色をした品種。黒いスポットの少ないものは、ハイポタンジェリンやスーパーハイポタンジェリンと呼ばれます。色の強さや黒の程度は個体差・血統で異なり、ブラッドやサンバーンなどの品種も知られています。

バンディット
Bandit

黒いラインが太いボールドストライプを選別個体して作出された品種。特徴は鼻先に髭のような黒い模様が入ること。選別交配のため、必ずしもこの形質が受け継がれるとは限りません。国内では人気の高い品種です。

マーフィーパターンレス
Murphy Patternless

以前はリューシスティックと呼ばれていた品種ですが、本来の表現とは異なるため、この名で呼ばれるようになりました。模様や黒点のない無地の品種。色調は淡い黄色やクリーム色、グレーなどさまざま。

エニグマ
Enigma

さまざまな表現を持つ品種で、細かな黒い斑紋が尾や頭部に出ることも多いです。虹彩の色は濃く、独特の表情をしています。このエニグマとの掛け合わせてたくさんの個性的な品種が作出され、「○○エニグマ」の名で流通します。

ホワイト&イエロー
White & Yellow

エニグマと同じく、さまざまな作用をもたらす品種で、数多くの品種と掛け合わされています。虹彩はエニグマのように濃くはありません。本家アメリカではなく、ヨーロッパで作出された品種です。

ラプター
RAPTOR

レッドアイ・アルビノ・パターンレス・トレンパー・オレンジ（RAPTOR）の略で、赤い目と黄色の体という表現はインパクトがあります。パターンレスの具合は個体により程度が異なり、模様が入るものもいます。

ブリザード
Blizzard

マーフィーパターンレスと同じ無地の品種。ブリザードのほうが白みが強く、また、幼体でも無地なのが特徴。目が透けて瞼が青黒く見えるほどです。白さは幼体時で特に強く、成長すると黄色やピンクが多少出てくることも。

ディアブロブランコ
Diablo Blanco

白い悪魔という意味の品種。真っ白な体に真っ赤な目が強烈です。全体的にピンクがかったり、やや黄色っぽいものもいますが、それでも白さは抜群。ラプターとブリザードの掛け合わせで生まれた品種です。

オバケトカゲモドキ
Eublepharis angramainyu

全長30cmほどに達する大型のトカゲモドキ。ヒョウモントカゲモドキの野生型に似ていますが、本種の四肢はより長め。ローカリティごとに繁殖されたものがヨーロッパなどから輸入されています。飼育はヒョウモントカゲモドキとほぼ同様。

ヒガシインドトカゲモドキ
Eublepharis turemenicus

こちらは比較的小型のインドに分布するトカゲモドキ。ヒョウモントカゲモドキと同属ですが、林などに暮らし、やや湿った環境を好みます。飼育環境も林や森を意識し、乾いた場所・湿った場所を設け、シェルターも用意します。

カメリアカベカナヘビ
Podarcis pityusensis kameriana

カメリアーナカベカナヘビと呼ばれることも多いです。成体は全身が濃いブルーに染まりたいへん美しいカナヘビで、全長は20cmほど。日本で殖やされた繁殖個体がちらほらと流通するようになりました。

アドリアカベカナヘビ
Podarcis melisellensis

カベカナヘビの仲間は近年、さまざまな種が流通するようになりました。日本にもいる細身の茶色いニホンカナヘビのイメージとは大きく異なり、ボリュームのある体と大きさに加え、迷彩柄や目の覚めるようなブルーをしたものも多いです。

クロハラカベカナヘビ
Podarcis muralis nigriventris

ナミカベカナヘビの亜種の1つ。成長すると黒地のボディに蛍光グリーンの虫食い模様が入ります。カベカナヘビの仲間はさまざまな環境に暮らしています。岩場や森、乾いた林などのほか、民家周辺で見られることもあります。

フォーメンテラカベカナヘビ
Podarcis pityusensis formenterae

カメリアカベカナヘビとよく似ていますが、こちらは別亜種。同じく全身がやや淡いブルーに染まります。床材は細かな砂などを用い、植物を入れるとしても多肉植物など乾燥に強いものが向いています。水入れは必須。

イタリアカベカナヘビ
Podarcis siculus

現地で見られるのは、日本のカナヘビに近く、畑や草むらなど。カベカナヘビの仲間は、植物主体のパルダリウムではなく、乾いた林や岩場などをイメージしてやると良いでしょう。いずれにせよ隠れ家を設けておきます。

ボガージュカベカナヘビ
Podarcis bocagei

日本と同じ温帯域のヨーロッパ原産ということもあり、飼育下でも丈夫で飼いやすいカベカナヘビ。本種も虫食い状にメタリックグリーンが発色するようになり、たいへん見応えがあります。飼育もわりと容易で、繁殖も狙えます。

マデイラカベカナヘビ
Teira dugesii

ポルトガル領のマデイラ諸島に分布するカナヘビで、黒褐色の体に細かな斑紋が入る美種。乾いた環境で通気を確保し、日光浴のできる開けた場所を設けます。スポットライトを石の上などに向けて照射するとベター。

リルフォードカベカナヘビ
Podarcis lilfordi

こちらはブルーではなく、全身が真っ黒に染まるカベカナヘビ。よく見ると、青いスポットが散らばり、惚れ惚れするような美しさです。他のカベカナヘビと同じくたいへん丈夫で、飼いやすいのも魅力。

ギャランイワカナヘビ
Iberolacerta galani
スペインに分布するカナヘビで、全身は茶褐色と褐色の斑模様。乾いたビバリウムという環境設定は、他のカベカナヘビと同様。レイアウトも壊されにくいです。これらヨーロッパのカナヘビは美麗種揃いで、コレクション性が高いトカゲです。

コモンアミーバ
Ameiva ameiva
アミーバとは、中南米に分布する中型からやや大型のグループのトカゲたち。ジャングル内を敏捷に行動します。尖った顔つきが特徴的で、森や林のほか、草むらや集落周辺などさまざまな場所で暮らしています。床材によく潜ります。

リボンハシリトカゲ
Cnemidophorus lemniscatus
主に草原地帯に暮らす小型から中型の仲間です。中南米に分布するため、冬場は保温してやります。ビバリウムはやや湿った環境を好み、植物の周辺などは掘り起こされないよう鉢植えごとレイアウトするなど工夫しましょう。

アルマジロトカゲ
Cordylus cataphractus
全身が硬い鱗に覆われたヨロイトカゲの仲間で、本種は比較的小型の種。乾燥したビバリウムで岩組みをつくり、そこをシェルター兼ホットスポットとします。この仲間は床面積を重視し、広めのケースが向いています。

モザンビークヨロイトカゲ
Smaug warreni
亜種がいくつかあり、写真はモザンビークヨロイトカゲ(オレンジサイドワレンヨロイトカゲとも)。岩の隙間などに潜りやすい平たい体型をしています。この手のトカゲは岩選びと組み方に工夫すると良いでしょう。

クロヨロイトカゲ
Cordylus niger
全身が黒いヨロイトカゲで、全長は最大15cmほどとやや小型。ヨロイトカゲの仲間は草がまばらに生えた岩場をイメージしてビバリウムをつくるとよく似合います。乾いた流木や岩をしっかりとレイアウトして隠れ家を用意すると良いです。

ブルースポットヨロイトカゲ
Ninurta coeruleopunctatus
ヨロイトカゲとしては珍しい青いスポットの入る小型美種。砂や岩など色みの少ない乾燥系ビバリウムでは強い個性を放ちます。乾いた場所に暮らすとはいえ、水入れは必ず入れるように。岩を組む際は、後から砂を入れると安定しやすいです。

ブロードレイヒラタトカゲ
Platysaurus broadleyi
メタリックブルーの上半身と四肢のオレンジが派手なヒラタカゲ。広いケースに大きな岩を複数入れ、そこを日光浴の場とします。頑健で飼いやすいですが、動きが敏捷なのでメンテナンスや餌やりの際に逃がさないよう注意。

ビバリウムの住人
カメ／ヘビ

爬虫類の中でも、カメやヘビをビバリウムで飼育する例はあまり多くありません。リクガメは植物を踏み荒らしたり、穴を掘って、根を掘り起こしてしまうだけでなく、植物を食べてしまうこともあります。ですから通常は、管理のしやすいシンプルな環境であることがほとんどです。カメでビバリウムに向いているのは、水棲の小型種や仔ガメなど。水草などを植える際は頑健なものを選びます。ヘビの仲間では、ペットとしては一般的ではありませんが、樹上棲の種が向いています。

カブトニオイガメ
Sternotherus carinatus

本種をはじめ、ニオイガメはいずれも小型の水棲種で、カメの中では水草を使ったビバリウムに向いているほうで、陸場のほうがレイアウトを工夫しやすいです。甲羅や顔つきはどれをとっても個性的。飼育・繁殖も容易でビギナー向けの種です。

ミシシッピニオイガメ
Sternotherus odoratus

愛らしい仔ガメがよく売られています。熱帯魚水槽のようなアクアリウムで飼育されているシーンも見かけますが、日光浴できるよう陸場を設置したほうがベター。陸地の植物は根のまわりに石や炭片、流木などを置くと痛められにくいです。

オオアタマヒメニオイガメ
Sternotherus minor

名のとおり頭部が巨大化する水棲ガメ。顔つきも個体ごとに異なっていてどれも個性があります。やはり陸場と水場のあるビバリウムが向いています。水中にマツモなどを入れておけば、水草の状態を見ることで水質悪化のバロメーターに。

アッサムセタカガメ
Pangshura sylhetensis
最小のセタカガメで、正面から見ると三角形のシルエットと甲が高い種。目の後ろに赤いⅤ字模様が入ります。属内では丈夫なカメで、サイズ的にもビバリウムに向いていますが、成長と共に水草などを食べる傾向が高まります。

ハナナガドロガメ
Kinosternon acutum
ドロガメの仲間では派手なほうで、頭部には赤や黄の細かな斑点が多数入ります。甲長は最大12cmと小型。大きな水槽で水場と陸場を設けると良いでしょう。水棲ガメのビバリウムの陸場には、ポトスやスパティフィラムがよく使われています。

ニホンイシガメ
Mauremys japonica

水草や流木などをレイアウトしたビバリウムに、それらを壊すことの多いカメは不向きですが、仔ガメや小型種であれば十分楽しめます。里山を意識したビバリウムでイシガメを飼うのも楽しいです。ただし、水は常に清潔に。

マレーニシクイガメ
Malayemys macrocephala

田んぼなどで暮らすニシクイガメ。小型で厚みがあり、ユニークな顔つきは愛らしくて人気の高いカメです。水底を這うように移動します。水棲ガメ類は、使用するケースの水場容量よりもワンランク上のフィルターやまめに水換えを行います。

ミスジドロガメ
Kinosternon baurii

こちらも小型の水棲ガメで、水底を歩くように活動するため、陸地部分のレイアウトに植物を植え込むなど工夫してみても楽しいです。丈夫で飼育しやすい水棲ガメの入門種の1つです。

ペンシルバニアドロガメ
Kinosternon subrubrum subrubrum

トウブドロガメの亜種の1つ。丸みを帯びたフォルムがかわいらしい水棲カメ。こちらも小型で、飼いやすいです。浮き島代わりに大きな流木を立てかけてみるなど、水辺の環境を意識したビバリウムで楽しんでみてはいかがでしょうか。

ミツユビハコガメ
Terrapene carolina triunguis

秋になると国内の愛好家のもとで繁殖された幼体が毎年流通します。人によく慣れ、成長につれて変化する甲羅の模様が楽しいカメ。屋外での飼育がほとんどですが、仔ガメから若い個体まではビバリウムで飼育されることもよくあります。

パンケーキガメ
Malacochersus tornieri

乾燥した岩場に棲む変わった容姿のリクガメで、背甲や腹甲がやわらかく、岩陰に入り込みやすいようなつくりになっています。崩れないしっかりと平たい岩を組んだビバリウムで飼育すると楽しいでしょう。

ヒガシヘルマンリクガメ
Testudo hermanni boettgeri

中型のリクガメで繁殖例も多く、国内外で殖やされた仔ガメが流通します。乾燥した林や草原などで暮らし、国内でも庭などで飼われているシーンも多いです。仔ガメのうちは広めのビバリウムでも育成可能ですが、将来的には屋外飼育向き。

マタマタ
Chelus fimbriata

容姿が個性的なカメで、水底を歩くように移動します。シュノーケル状の鼻先もユニーク。最大45cmほどに達しますが、仔ガメのうちは倒木を沈めたようなビバリウムで飼っても良いです。熱帯魚水槽のような環境が向いています。

モンキヨコクビガメ
Podocnemis unifilis

わりと大型になる水棲ガメですが、流通の大半は仔ガメ。頭部にあざやかな黄色の斑紋の入る愛らしい表情をしています。水草は食べられてしまうので、岩や流木などをメインにレイアウトすると良。産地により多少の色彩差があります。

モイラヘビ
Malpolon moilensis

アフリカ大陸北部からアラビア半島にかけての乾燥した砂地や草地に棲むヘビ。昼間活動し、餌はトカゲやヘビなどの爬虫類。砂をメインにしたレイアウト向け。尖った顔つきが特徴的なヘビです。

カンムリキリサキヘビ
Lytorhynchus diadema

砂漠や砂礫地帯などに棲むヘビで、全長は最大でも40cmほどと小型。卵を切り裂いて食べることからこの名がありますが、飼育下ではヤモリなどを食べます。小さな砂地のビバリウムでも飼育できます。

セオビサンドスネーク
Chilomeniscus stramineus

アメリカからメキシコにかけて生息する小型のヘビで、黄色と黒のバンド模様が特徴的。砂漠が生息場所。ビバリウムは潜れるよう細かな砂を厚めに敷きます。植物を配するなら乾燥に強い多肉植物などを。消灯後に砂から出てきます。

コモンタマゴヘビ
Dasypeltis scabra

名前の由来は、鳥類の卵を餌とすることから。歯がないので噛みつかれても痛くなく、威嚇してくることもありますが、恐れは不要。野生下では鳥の卵が得られる時期にしか捕食できず、卵以外の餌は食べません。

オーロライエヘビ
Lamprophis aurora

イエヘビは、ハウススネークの名で流通することが多いヘビで、本種はその仲間でも光沢のある深緑の体色にオレンジのラインが美しいです。さまざまな場所で暮らし、集落付近でも見られるためこの名がありますが、本種の生活環境は草原。

ギラルサンカクヘビ
Mehelya guirali

他のヘビと大きく異なるのは、体の断面が三角の形状をしていること。皮膚もごつごつした質感で、鱗同士が重なっていません。おっとりとした動きで、やや湿った場所を好みます。珍蛇の究極的な存在。

アオスジリボンヘビ
Thamnophis sauritus nitae

最大でも1mほどの小型のヘビ。水辺で暮らすガーターヘビよりも細身の体つき。昼間活動し、餌はカエルなどの両生類が主。水辺のビバリウムで映えるこの仲間ですが、蒸れた環境を避け、通気の良い、日光浴のできる乾いた場所を設けます。

ツユダマセタカヘビ
Pareas margaritophorus

日本の八重山諸島にも生息するイワサキセタカヘビは、カタツムリ専食という変わった食性を持ちますが、本種はナメクジを食べます。森の林床などで暮らし、飼育下でもナメクジを与える必要があります。夜行性。

マレーベニナメラ
Oreocryptophis porphyraceus laticincta

深みのある赤が非常に美しいヘビ。野生捕獲個体の飼育はたいへん難しいですが、飼育下繁殖個体はわりと飼いやすいです。竹林などに暮らしており、潜れるよう床材を厚めに敷き、隠れ家も設置します。

ラフアオヘビ
Opheodrys aestivus

緑色の細く長い体型はまさに樹上生活に適応しています。北米大陸に分布し、昆虫類などを餌にしています。ビバリウムでは大型の樹上棲カエルのような環境設定で。なお、ヘビを飼育する際は、どんな種類であれ脱走に注意すること。

ベニトビヘビ
Chrysopelea pelias

美しい配色の樹上棲種で、東南アジアのジャングルで暮らしています。枝や植物を配したビバリウムのほうが状態が落ち着きやすく、緑主体の風景の中ではいっそう際立ちます。餌（ヤモリなど）以外は、樹上棲カエルとほぼ同じ飼育感覚で。

ハナナガムチヘビ
Ahaetulla nasuta

細長いツル植物のような体型をしており、インドから東南アジア、中国にかけて分布する仲間です。本属ではオオアオムチヘビのほうが一般的。いずれも植物を配したレイアウトが似合います。餌はヤモリやトカゲなど。昼行性。

アマゾンツリーボア
Corallus hortulanus hortulanus

樹上棲のボアで、やはり細長い体型をしています。さまざまな色彩のものが知られており、写真はスーパーレッドという美しいタイプ。しっかりと体を落ち着かせることができるような枝組みや流木を入れ、植物を配すると良いでしょう。

エメラルドツリーボア
Corallus caninus

グラデーションのかかった緑から黄の体色に白い模様が入る美しい樹上種。南米の熱帯雨林に分布。体を巻き付かせることのできるような太い枝を水平方向に設置すると、そこで落ち着きます。牙が長いので、取り扱いの際は注意すること。

ミドリニシキヘビ
Morelia viridis

グリーンパイソンの名で流通しているヘビ。産地により色彩や斑紋にバリエーションがあり、コレクション性の高い種です。エメラルドツリーボアに似た容姿で好む環境も同様ですが、本種はニューギニアやオーストラリア北部に分布。

自然から飼育環境の ヒント を得る
……日本……

苔に覆われた倒木と大きなシダ。この構図をそのままビバリウムへ持ち込みたい場所です

木々の間から池を望む岸辺。ビバリウムでも、奥行きをうまく使うと遠近感が生まれます

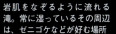

さまざまな苔の間を滝が流れ、みごとな景観ですが、ビバリウムでの再現は難しいです

岩肌をなぞるように流れる滝。常に湿っているその周辺は、ゼニゴケなどが好む場所

糸のような水の流れ。周りの苔の中に手をうずめるとびしょびしょになるほどの水分量

下に大きい岩。その上は苔の階層と水の流れ。これを真似するには、スレート石などが便利

トノサマガエルやアマガエル、ニホンイシガメが暮らす小川

岸辺で佇んでいると、やがて大自然のさまざまな物音が聞こえ、心地の良い澄んだ匂いがしてきます

山間部の小さな流れ。ここには綺麗な水を好むサンショウウオたちが暮らしています。鱗のない両生類は、生きるうえで水が大事。水が停滞しやすいビバリウムでは、いかに清潔な水を供給できるかもポイントです

沢を歩くアカハライモリ。里山の田んぼや用水路だけではなく、渓流付近でも見かけられる両生類です。苔は景観を彩るだけではなく、彼らの隠れ場所になったり、湿気を与えてくれます

レイアウトを壊しにくい小型のヘビは、ビバリウムでも住人となりやすいです。こちらはシロマダラ。ただし、野生下ながら、ビバリウム内で姿を現すのは貴重なシーンとなるかもしれません

桜の開花する初春。ナガレヒキガエルに出会いました。爬虫類・両生類に出会ったら、周辺状況などを写真に収めたりメモしておくと、飼育環境におおいに反映できるヒントが見つかります

レイアウトを壊しやすいカメは、ビバリウム向きとは言えませんが、小型種や幼体であれば十分可能です。カエルよりも排泄量が多く、水を汚しやすいので、メンテナンスはしっかりと

都会でも山中でも石が転がっている場所や石垣・ガレ場などでよく出会うニホントカゲ。岩組みをしたビバリウムでも、上手に石の間を行ったり来たりする様子が観察できるはずです

苔に覆われた大きな倒木と、中央にそびえる巨木。このままの構図でレイアウトの配置を考えてみたくなります

山中の小さな湖でモリアオガエルに出会いました。枝は彼らにとって道路となります。飼育個体に合わせ、しっかりとした太さや堅さの枝を配置してあげましょう

ため池に現れたニホンアカガエル。道路や建築物などをうまく利用して生きる彼ら。全てが自然物で構成しなくてもいいのです

ビバリウムを彩る・植物

育成できる最低条件は、飼育ケースに収まる大きさであること。環境や工夫次第でうまく育成できることもあります。まずは試し、様子を見ましょう。翌日枯れることはないので、合っていないようなら別の方法を考えます。なお、昼行性の爬虫類のビバリウム以外は、植物にとって林床くらい薄暗い光量程度のことが大半なので、強い日光を必要としないものを目安に選ぶと使いやすいです。

※写真の説明＝**名前**　科名／原産地／育成その他

> **使いやすい植物**
> 園芸店などに並ぶミニ観葉やハイドロカルチャーは、丈夫な種類がほとんど。さほど強い光を必要としないものが大半なのでお薦めです。

ポトス
サトイモ科／東南アジア／丈夫なツル植物でさまざまな環境に適応

ポトス
サトイモ科／東南アジア／葉に紋が入らない緑1色のタイプ

ポトス"エンジョイ"
サトイモ科／東南アジア／よく売られている品種

フィロデンドロン
サトイモ科／熱帯アメリカ／比較的丈夫なツル植物

フィロデンドロン・グロリオサム
サトイモ科／熱帯アメリカ／高温多湿を好みます

フィロデンドロン"シルバーメタル"
サトイモ科／熱帯アメリカ／さまざまな品種が流通

スパティフィラム
サトイモ科／熱帯アメリカ／葉幅が大きくクサガエルの仲間などに

アグラオネマ
サトイモ科／インド、東南アジア／弱光に強い植物

アグラオネマ・ピクタム"トリカラー"
サトイモ科／インド、東南アジア／さまざまなタイプが知られています

アンスリューム・アンドレアヌム
サトイモ科／コロンビア／強い光は苦手

ホマロメナ
サトイモ科／熱帯アジアなど／高温多湿を好みます

ホマロメナ
サトイモ科／熱帯アジアなど／葉と茎の色が緑のタイプ

ホマロメナ
サトイモ科／熱帯アジアなど／茎の色が赤いタイプ

ホマロメナの葉。独特の質感を持った湿潤を好む植物です。

ペペロミア
コショウ科／熱帯～亜熱帯／葉は厚め。明るく乾いた場所向け

ペペロミア・オルバ
コショウ科／熱帯～亜熱帯／明るい日陰が最適

ドラセナ "ゴールド"
リュウゼツラン科／アフリカ／カメレオンやカエルなどに

サンセベリア "ハニーバニー"
リュウゼツラン科／アフリカ、南アジア／冬場の過湿は避けます

サンセベリア "スタッキー"
リュウゼツラン科／アフリカ、南アジア／明るい場所を好む多肉植物

カラテア・ムサイカ
クズウコン科／南米／高温多湿が好みと使いやすい植物

アレカヤシ
ヤシ科／熱帯、亜熱帯／なるべく明るい場所で

パキラ
アオイ科／メキシコ／丈夫な植物で環境の適応幅が広いです

ガジュマル
クワ科／アジア、アフリカ／変わった形の気根は土中に植えないこと

モンステラ
サトイモ科／熱帯アメリカ／ツル植物でヘゴなどに活着も可能

シロアミメグサ
キツネノマゴ科／コロンビアからペルー／やや湿度が必要

アイビー
ウコギ科／改良品種／使いやすいツル植物。ヘデラとも呼ばれます

ワイヤープランツ
タデ科／ニュージーランド／乾燥と蒸れが苦手

キリトスペルマ・ジョンストニー
サトイモ科／ニューギニアと周辺の湿地帯／25℃以上の高温環境がベター

スキンダプスス・ピクタス
サトイモ科／インドネシア／壁面などに活着して這い上りエキゾチック

ラシナエア・クリスパ
パイナップル科／コロンビア／雲霧林の樹幹や枝に着生する植物です

シンニンギア・ブルボーサ
イワタバコ科／ブラジル／地上を這うブッシュ型

フィカス・ウンベラータ
クワ科／熱帯アフリカ原産／丸みを帯びたハート型の葉を持つ樹木

シンゴニューム
サトイモ科／熱帯アメリカ／矢じり型の葉をしたツル植物です

ソフォラ・プロストラタ
マメ科／ニュージーランド原産／ジグザグの枝にはたくさんの小さな葉

オリヅルランの仲間
ツユクサ科／中南米原産と思われる／カリシア属と思われる植物

チランジア・ネオレゲリアなど
大半が着生植物でアメリカ大陸に広く分布。ロゼット型のタンクブロメリアは葉の間に水を溜め込み、ヤドクガエルの棲み家や繁殖場所に最適。夜に給水し昼間は乾燥させます。通気の良いビバリウム向けです。

チランジア・アエラントス

チランジア・イオナンタ

チランジア・キセログラフィカ

チランジア・コットンキャンディ

チランジア・ジュンセアフォーリア

チランジア・テクトラム

チランジア・バルビシアーナ

チランジア・パレアセア

チランジア・フックシー

チランジア・コルビー

ビバリウムの枝にこのように固定することも

チランジアの設置例。通気の良い環境が大切

ネオレゲリア"アンブラセア×ファイアボール"

ネオレゲリア"レッドオブリオ"

ネオレゲリア"ファイアボール"

ネオレゲリア・シムラータ

ネオレゲリア"アジャックス"

ネオレゲリア"グリーンアップル×ファイアボール"

ネオレゲリアの1種

グズマニア・マグニフィカ

クリプタンサス・ビッタタス

フリーセア・サウンダーシー

フリーセア・セレイコラ

シダ・苔・山野草の仲間
ビバリウムにおいて苔を長期に渡って育成するには適度な湿気と通気を確保し、光量も十分に注ぐことが必要です。その中で、ウィローモスやツヤゴケ、ハイゴケが育てやすく、おすすめです。

アミシダ

カミガモシダ

ネフロレピス

ヒトヅバシケシダ

ミクロソリウム・ムシフォリウム

コウザキシダ

ヒトツバコウモリシダ

ヒノキシダ

ヒメカナワラビ

コタニワタリ

ヤブソテツ

オオタニワタリ

ハカタシダ

ヘラシダ

ホシダ

シシラン

ユキノシタ

コクラン

ビバリウムの変化

植物が生長すると、ビバリウム内の条件も変化します。明るさ・風の通り・湿度等々。必要に応じて剪定したり、植物を追加するなどしてレイアウトを楽しみましょう。

ツヤゴケ

ハイゴケ

シノブゴケ

タマゴケ

スナゴケ

スギゴケ

タチゴケ

ホウオウゴケ

シシゴケ

131

オオシッポゴケ

ヒノキゴケ

コウヤノマンネングサ

オオシラガゴケ

ホソバオキナゴケ

アラハシラガゴケ

チョウチンゴケ

ホソバミズゴケ

ウィローモス

ケゼニゴケ

ジャゴケ

ミズゼニゴケ

生息地の環境からリアルな生態を読み解く

爬虫類・両生類の
飼育環境の
つくり方

ビバリウムづくりの基本
184◎ビバリウムづくりの基本●生息域ごとの環境設定
141◎ビバリウムづくりの基本●仕組みと材料
151◎ビバリウムでの爬虫類・両生類飼育
159◎ビバリウムを見ることのできる水族館＆爬虫・両生類専門店

ビバリウムづくりの基本
生息域ごとの環境設定

ビバリウムで爬虫類・両生類を飼う。大方の動物は、生息環境を模した飼育スタイルが理想的ですが、植物を痛めるおそれのある動物や植物を餌とするもの、オオトカゲやボア・パイソンの仲間など、サイズが大きいあまり、ビバリウムでの飼育が現実的でない巨大種などは、不向きです。というわけで、レイアウトを壊すことの少ないヤドクガエルをはじめとした、小型の爬虫類・両生類が本書の主役となります。ここでは、彼らの暮らす自然環境から紹介していきましょう。

ビバリウムで飼えるかどうか検討する

　ビバリウムをつくってから、そこにふさわしい生き物を選ぶというパターンもありますが、通常、ビバリウムづくりの第一歩は、収容する動物の生息環境を知ることから始まります。次に、その生体の特性を考慮し、ビバリウムで飼育できるかどうか考えるわけです。たとえば、熱帯雨林に棲むカエルには熱帯雨林を意識したレイアウトで、草原に棲むトカゲには草原の環境を調べてそれを再現していきます。

　大きさは適切かどうかも重要です。動物園のようなおおがかりな施設であれば、大きな植物と池をつくってワニを入れたビバリウムをつくることも可能ですが、一般的には難しいでしょう。また、その動物の餌が植物主体であれば、せっかくレイアウトした植物も格好の餌となってしまいます。たとえば、エボシカメレオンをビバリウムで飼っていて、ほとんどの植物を食べられてしまったという例はよく見かけられます。動物がビバリウムを破壊しないかどうかも考えます。ホルスフィールドリクガメはそれほど大型になる種ではありま

せんが、地中に穴を掘る性質があって、植物を配しても掘り起こしたり、踏み荒らされてしまいます。中には、エボシカメレオンの食べるスピードに負けないぐらい植物を追加したりする人もいますが、やはり一般的とは言えません。

以上をクリアしたら、どんな環境を再現するのか、いろいろ計画してみましょう。南米出身の種なら、植物も南米産のものを選んだり、現地の写真を見て同じ色の砂を使ってみたり、熱帯のジャングルさながら、飼育ケース内にスコールを降らせてみたりなど、考えるだけでも楽しい作業です。

彼らの生息環境ですが、おおまかに分けると熱帯雨林、乾燥地帯、半乾燥地帯、水中の４つに分けられます。うち、水中で暮らすものは熱帯魚水槽をはじめとしたアクアリウムに準じ、専門書もいくつかあるので、本書では陸上または水辺までを再現したビバリウムについて、話を進めてゆきます。なお、コーンスネーク、アメリカネズミヘビなどについては、さまざまな環境に暮らし、品種改良されたものが出回ることがほとんどなので、ここでは省きましたが、もちろんビバリウムで飼育してもかまいません。

パナマのジャングル

◎**熱帯雨林の環境設定**

主に、ヤドクガエルの飼育シーンで見かけられる、植物をたくさん植え込んだ湿度の高いビバリウムです。設定のコツは、湿度が高いといっても空気がこもっていないような、できるだけ空気の流れを設けること。蒸れた環境では、植物が枯れたり、爬虫類・両生類にもダメージを与え、最悪の場合、殺してしまう結果になってしまいます。爬虫類・両生類の飼育シーンの中で、蒸れないようにする目的で通気性の高いケースを使うなどして、自然下よりも乾燥気味にすることがあります。湿度を保持するために、広めの水場の設置や霧吹きの回数を増やす、植物の鉢を入れるなどして対応し、網蓋や側面がメッシュ状の専用ケースがよく使われているわけです。それでも他のビバリウム環境に比べたら空気がこもりがちで蒸れやすいため、セッティングの際は空気の流れや通気性の確保を強く意識するように。

植物を入れることがほとんどなので、使用するケースは高さのあるものが勝手が良いです。側面や蓋がメッシュ状になっている爬虫類専用ケースやパルダリウム用ケース、カエル飼育用のケースがお薦め。観賞魚用の水槽は空気がこもりがちなので、向いていません。使う場合は、最低限、蓋を網状にするか側面がメッシュ状の容器を乗せてかさ上げするなどの対処をすべきです。

樹上を主な生活場所としているものについては、それに見合った太い流木や枝、コルクなどを設置して、立体的に活動ができるようレイアウトします。立体活動できる場所がどれだけあるかどうかもポイント。カメレオンなどはほとんど地上に降りることはなく、枝や葉などで道をつくることで活動範囲を広げてやります。大型のケースを使用していても太い枝が１、２本しか渡していなければ、有効に空間を活用しているとは言えません。枝や流木、コルクなどで道をつくり、ビバリウム

エボシカメレオンは成長にしたがい植物質を食べるようになります

内のさまざまな場所へ移動できるようセットします。そうすることで、カメレオンは自分は好きな場所へ移動することができるようになるわけです。ただし、それほど力の強い動物でない場合でも、葉上で休んだり爪などで引っ掻いて痛めることもあるので、ポトスのような丈夫な植物を選んだり、植物の配置を工夫するなどの配慮を。ケースの大きさの目安は、収容する動物の大きさやケースの通気面だけで決定するのではなく、生態面も配慮して決めることが重要。ヤドクガエルなどは大きくても体長5cmほどと小型ですが、テリトリーを持つ種の場合は、小型種でも容量の大きなケースが望ましいのです。

　設定温度は27℃前後を目安に。夏の暑い時期には、ビバリウムが高温かつ蒸れて、いわばサウナのような状態にならないように注意します。窓際に置いてある場合で特にガラスケースなどでは、中の温度が周囲よりも高温になってしまうことがままあります。風通しを良くするか、エアコンを稼動する、凍らせたペットボトルを置く、霧吹きの回数を増やすなどの対処をすること。秋から春にかけては、ビバリウムのある部屋をエアコンなどで温度調整するか、シートヒーターなどで保温する必要もあります。さらに、樹冠部などの高い位置や陽の当たる場所を主な生活の場とするものに関しては、やや高めの設定にし、バスキングス

ポットを設けたほうが良いでしょう。ヒルヤモリは昼間に活動し、紫外線を含む蛍光管の照射が有効。逆に、林床で暮らす種類の場合、それほど高い温度を要求されるケースは少なく、バスキングスポットは不要であることがほとんどです。

　湿度はヤドクガエルの場合、70％以上をキープしますが、鱗に覆われているトカゲの仲間などは、カエルの皮膚よりも乾燥に強い種類が多いので、やや低くても耐えられるでしょう。冬場の乾燥などに注意し、収容する動物と植物の種類や、実際の様子を見ながら調整してゆきます。繰り返しますが、湿度の高いビバリウムなので、動物にとっても植物にとっても、通気の良い環境づくりがキーとなります。現地のイメージは、スコールなど降雨量が多く、夜間から朝にかけてはもやが発生するほど湿度が高いのに、日中は気温が上がって乾く時間帯がある環境。日中の乾燥から身を守るために、アカメアマガエルなどは昼間に体に四肢を密着させ、できるだけ水分が失われないようにじっと休んでいます。飼育下でも夜に照明がオフになると目を覚まして、餌を食べるなど活動的な姿が観察できるはずです。

　床材は、植物が根を張れる程度に敷きます。土中に棲むバクテリアが働くことで、排泄物や枯れ葉などが分解され、メンテナンスが軽減できます。最初に軽石を敷き、上から土を入れると、水はけが良くなり、土中に酸素が巡りやすくなるでしょう。さらに、くん炭などを混ぜておくと、浄化・消臭効果も期待できます。土を入れることで、湿度をキープしやすくなることも覚えておくと良いでしょう。植物が多いほど、床材からの蒸発も軽減できます。床に敷く土の種類はさまざまなものがありますが、肥料の入っていないものが適しています。

　熱帯雨林のビバリウムに合う動物をいくつか紹介します。いずれの種も、植物をレイアウトすることになるので、生き物だけでなく、植物のケアも必要です。ビバリウム全体を飼う感覚で行うと良いでしょう。

・**ヤドクガエル**：ブロメリアなどパイナップル科

の植物がよく似合います。薄暗いジャングルの奥よりも、林縁などの明るい場所に棲んでいます。多くのビバリウムで主役的存在。

・**小型の樹上棲カエル**：熱帯雨林にはたくさんのカエルが棲んでいます。フチドリアマガエル、ブチアマガエル、マダラアマガエル、ドクアマガエル、アカメアマガエル、ネコメガエル、ヘラクチガエル、トビガエル、クサガエル、ヒシメクサガエル、イロメガエルなど。中型以上のカエルでは、体重に見合った枝などをレイアウトして休める場所を設けると共に、植物を傷めないような配置にするとベター。

・**熱帯雨林の地上棲カエル**：マンテラ（アデガエル）の仲間、コノハガエル、チョボグチガエル、ナゾガエル、ハナトガリガエル、ステルツナーガエル、キマダラフキヤガマなど。地面を這うような植物がよく似合いますが、立体的な活動をするものもいます。落ち葉をレイアウトすると、シェルターの代わりになり、生き物も落ち着きやすいですが、落ち葉以外の隠れ場所も設置してあげましょう。

・**熱帯雨林に棲むトカゲ**：ヘルメットイグアナ、カンムリトカゲ、ハガクレトカゲ、カメレオンモドキ、サボテントカゲ、トビトカゲ、クシトカゲ、モリドラゴン、カメレオン（高山に棲む種やマダガスカル産の小型種、カレハカメレオン、ヒメカメレオンなど）、バナナヤモリ、トビヤモリ、ホソユビヤモリ、バクチヤモリ、ネコツメヤモリ、ヘラオヤモリ、ヒルヤモリ、ササクレヤモリ、ミカドヤモリ、ハイナントカゲモドキ、オマキトカゲモドキ、ギュンターキノボリカナヘビ、ハシリトカゲ、アミーバ、ミドリツヤトカゲ、カラタケトカゲ、アカメカブトトカゲ、イボヨルトカゲ、アオキノボリアリゲータートカゲなど。

土中に潜り、根を掘り起こすものや力の強いものには、生長の速いポトスなどが向いています。また、高山に棲むカメレオンの場合、設定温度が低めなので、植物選びの際は覚えておきましょう。ヒルヤモリは緑色のビバリウムにとてもよく似合います。欧米では、ヤドクガエルのビバリウムに小型のヒルヤモリを同居させているケースもあります。開けた場所に棲むものが多く、明るい環境と紫外線を含む蛍光管の照射が必要となります。湿度はそれほど高くなくてもかまいません。植物は湿度の保持だけでなく、シェルターの代わりにもなります。

・**熱帯雨林に棲むヘビ**：オオアオムチヘビ、ベニトビヘビ、ブロンズヘビ、テングキノボリヘビ、キオビシベットヘビ、ヤブコノミ、バロンコダマヘビ、ホソツラナメラなど。つる植物や枝などに擬態したものも多く、植物をたくさん植え込んだビバリウムでは、飼育者でも見つけるのに苦労することも。まさに飼育環境そのものを飼育する感覚です。

・**その他**：オオミットサラマンダーなど。樹上棲傾向のある有尾類です。流通するイモリやサンショウウオは温帯域のものが大半ですが、稀に本種のような熱帯域に棲むものもいます。

アオクチテイボクアガマもここに含まれます

テングキノボリヘビ

137

◎乾燥地帯の環境設定

　砂漠や砂礫地帯、比較的乾燥した草原、岩場など乾燥した環境のビバリウムは小型のトカゲなどでよく見られます。フトアゴヒゲトカゲやイワトカゲ、ガマトカゲといった地上棲のアガマ類や地上棲のイシヤモリなどが向いているでしょう。いずれも丈夫な種類が多く、ビバリウムもつくりやすいです。

　飼育ケースは、床面積を重視したものを選びます。水槽ならランチュウ用の製品に網蓋をかぶせれば良いでしょう。横長の爬虫類・両生類用の飼育ケースも各メーカーから市販されています。やはり通気性の高い、側面がメッシュ状のものがほとんどです。

　先の熱帯雨林よりも温度設定は高めで、一部にホットスポットを設けます。レイアウトのパーツは、岩や流木をメインに、植物を配すなら、サボテンといった多肉植物など乾燥に強いものを選びます。植物が傷められないよう、岩や流木の上など高い位置に植えるなどの工夫をするとベター。自然下では、強烈な日光の元でバスキングをしている種も多いため、蛍光管は紫外線を含むものを選び、数値は高い製品が向いています。ただし、シェルターを必ず設置すること。飼育環境内に温度勾配を設けると同時に、紫外線からも逃げられるような隠れ家が必要なのです。また、乾燥地帯といっても、水場は必須。小さめの水容器を必ず設置すること。

　このビバリウムで一番楽しい面は、敷く砂や土、流木や石、岩を選んだり、レイアウトする時かもしれません。現地の写真などに合わせて、赤い砂地に棲むものはやはり赤い砂を使ってみると、やっぱりよく似合います。爬虫類専門店などでは、専用の砂を各色揃って市販されているので、好みのものを選んでください。日中、暑さをしのぐために、砂に穴を掘るものもいます。そういった種類には砂を厚めに敷き、流木や岩などを入れる場合は、穴を掘った際に倒れないよう、レイアウトの際は、岩や流木を置いた上から床材を入れて安定させると良いでしょう。流木は熱帯魚用のものが流用できます。特に、細い枝がたくさん付いた枝流木がよく使われていて、雰囲気も良いです。岩や石も爬虫類・両生類専門店や園芸店などでさまざまなものが市販されています。流木やコルクなどと組み合わせてシェルターを設けることもできるし、木化石や溶岩石などを設置すると、より雰囲気がアップします。

　この草原や砂漠、砂礫地帯に棲む爬虫類・両生類のうち、ビバリウム向けの生体をいくつか紹介しましょう。

・**トカゲ類**：サンドスキンク、ミズカキヤモリは特に砂中生活に適応し、ほとんどを砂の中で過ごします。シェルター＝砂といった具合なので、一見すると、砂漠を模した箱庭のようなビバリウムとなります。シェルターを設置するものとしては、オオミミナシトカゲ、トラフフトユビヤモリ、ウチワヤモリ、マツカサヤモリ、カータートゲオヤモリ、ボウシイシヤモリ、グローブヤモリなどが挙げられます。砂の代わりに乾いた土でも良いでしょう。一部に湿った場所を設けると良いです。乾いた草原や砂礫地帯に棲むものとしては、サバクツノトカゲ、クビワトカゲ、サバクイグアナ、マスクゼンマイトカゲ、フトアゴヒゲトカゲ、レインボーアガマ、カワリアガマ、ガマトカゲ、トーマストゲオアガマ、クモヤモリ、ブロセトカゲユビヤモリ、ドリアハリユビヤモリ、サラマンダーヤモリ、ヘルメットヤモリ、ナメハダタマオヤモリ、オニタマオヤモリ、オビタマオヤモリ、ナキツギオヤモリ、ビーズヤモリ、バンドトカゲモドキ、ニシアフリカトカゲモドキ、ヒガシアフリカトカゲモドキ、ヒョウモントカゲモド

ビーズヤモリ

ナマクワカメレオン

サバクツノトカゲ

チビオオトカゲ

キ、ウナジスキンクヤモリ、ストケスイワトカゲ、ヒメトゲオイワトカゲ、アルマジロトカゲ、マサイヨロイトカゲ、ミカドヒラタトカゲ、オニプレートトカゲ、ニシキカタトカゲなどが挙げられます。特に岩場を好むものには、安定するように岩や石を組んだビバリウムが向いています。立体的な活動を行うものも多いので、コルクや枝流木を立て掛けたり、カクタススケルトンなどを置いておくと良いでしょう。

・ナマクアカメレオン：樹上生活者であるカメレオンの仲間では、ヒメカメレオンとカレハカメレオンを除き、唯一の地上棲種。たいへん乾燥した砂丘に棲み、わずかに植物の生えた場所で暮らしています。オープンスペースのある床面積の広いビバリウムを用意し、ファンなどで送風することで通気性を高めてやると良いようです。

日本には砂漠や砂礫地帯に棲む爬虫類・両生類はほとんどいないので、上記のトカゲ類も含め、とてもエキゾチックなビバリウムが楽しめます。また、砂の上を巧みに歩いたり、砂に穴を掘って巣をつくったり、岩場で生活するものはそこをバスキングスポットにしたり、レイアウトした岩組を楽しむように登ったりしてくれる様子が観察できることも大きな魅力です。チビオオトカゲなど小型のオオトカゲも同様のビバリウム設定ができるでしょう。

・ヘビ類：スナボア、チルドレンニシキヘビ、マダラニシキヘビなどが挙げられます。

・乾いた草原に棲むカエル類：コーチスキアシガエルはカエルの仲間では珍しく乾燥した場所の地中に生活しています。飼育下でもほとんどを地中で過ごすため、サンドスキンクのようにビバリウムをつくっても姿を見る機会はあまりありません。草原の地中で暮らすアメフクラガエルは丸い体に短い四肢がとても愛らしく人気の高い種ですが、やはり姿を見せることが少なく、長期飼育例もあまり耳にしないカエルです。床材としては黒土が使われることが多いようです。

・その他：ヒラセリクガメやヤブガメなどもリクガメの中では最小の部類に入り、ビバリウムでの飼育に向いていますが、流通量はたいへん少ないです。通気性の高い飼育環境の設定が必要。

◎温帯域の環境設定

日本のような四季がある温帯に暮らす爬虫類・両生類の生息環境は、ビバリウムもつくりやすいうえ、頑健な種が多いと言えます。使える植物も多く、レイアウトの幅が広がります。野生下では

冬眠をする種類も多く含まれますが、飼育下では冬期も加温したほうが良い結果が出ています。ビバリウム内には、湿った場所と乾いた場所、明るい場所と暗い場所など、温・湿度や光の勾配を付けると良いでしょう。

飼育ケースは広めのものを選びます。背の高いものでもかまいませんが、ある程度の床面積と高さがあるスタンダードな市販の爬虫類・両生類飼育ケースが向いています。ある程度湿潤な環境ですから、植物を植え、やや広めの水容器とシェルターなどを設置します。カエルなどに止まり木を入れる際は、体の大きさに見合った太さで。木の上は休んだり寝るための場所となります。

基本的な気温の管理は無加温でかまいませんが、トカゲ類の場合は特に、ケース内に温度勾配を設けるため、スポットライトを一部に照射し、バスキングスポットをつくります。冬場に冬眠する種類も含まれますが、飼育下では通年保温して管理したほうがリスクも少なくお薦めです。冬場はプレートヒーターなどを稼動させると良いでしょう。

水場はそれぞれの依存度に合わせて、大小を調整します。カエル類には広めの全身がゆったりと浸れる容器で池をつくり、樹上棲のトカゲなどには小さな水場があれば十分です。

このビバリウムに向く爬虫類・両生類は以下のものが挙げられます。

・**爬虫類**：キノボリトカゲ、ハルドンアガマ、ニワカナヘビ、ホウセキカナヘビ、アオノドキールカナヘビ、カベカナヘビの仲間、アオカナヘビ、ニホンカナヘビ、ミナミカナヘビ、ニホントカゲ、シナトカゲ、ヘリグロヒメトカゲ、マブヤの仲間、モモジタトカゲ、ニホンヤモリ、ホオグロヤモリ、ヒバカリ、ガラスヒバァ、チェッカーガーターヘビ、クビワヘビ、アオダイショウ、シマヘビ、ベニナメラ、ジムグリ、タカサゴナメラなど。

キノボリトカゲには縦方向に太めの枝を設置すると良いでしょう。カナヘビの仲間は、細長い体つきで尾の長いタイプ（アオカナヘビなど）は樹上棲傾向が高いので、植物を植え、細い枝を配すると、上手に葉や枝上を移動する様子がビバリウム内で観察できるはずです。一方、全体的にややずんぐりした中型のカナヘビは、オープンスペースを設け、シェルターを設置すること。俊敏な動きのものが多く、植物を植えるには工夫が必要です。水辺に生息するヘビは、それを再現してやると本来の生態が観察できて楽しいです。

・**両生類**：チョウセンスズガエル、ミドリヒキガエル、ナンブヒキガエル、アメリカミドリヒキガエル、ニホンアマガエル、シナアマガエル、ハイイロアマガエル、アメリカアマガエル、ホエアマガエル、イエアメガエル、クツワアメガエル、モリアオガエル、シュレーゲルアオガエル、リュウキュウアオガエル、コケガエル、ニホンカジカガエル、アイフィンガーガエル、ムシクイオクサガエル、アジアジムグリガエル、ニホンアカガエル、ダルマガエル、トノサマガエル、ツチガエル、ヌマガエル、サキシマヌマガエル、ベルツノガエル、クランウェルツノガエル、タイガーサラマンダー、スポットサラマンダー、マーブルサラマンダー、アカハライモリ、シリケンイモリ、ミナミイボイモリ、カリフォルニアイモリ、ファイアサラマンダーなど。

カエルの止まり木は個体の大きさに合わせた太さで。水場付近で暮らす種類は池となる水容器の大きさを広くします。一方、林床などで暮らすものは隠れられるシェルターを設置すると共に、水場は浅いものを選びます。水棲傾向の低いものの中には、あまりに水深があると溺れてしまうこともあります。

ホエアマガエル

ビバリウムづくりの基本
仕組みと材料

ビバリウムに使える材料は、工夫次第で無数に存在します。以前は、熱帯魚用に市販されている製品を流用したり、ホームセンターなどで園芸用などに使われているもので使えるものがないかどうか、愛好家の方々は懸命になって探していたものです。現在は、格段に便利な時代となり、さまざまな専用の製品が流通していて、爬虫類・両生類専門店などに足を運べば、ビバリウム用の製品が数多く並んでいます。

先に紹介したビバリウムの作例のように、その仕組みは実に多彩で、それぞれ独自の工夫がなされています。皆さんは、参考になる箇所だけ抜き取ったり、組み合わせたりして、実際の飼育環境づくりに役立ててください。

爬虫類・両生類はさまざまな環境に暮らしており、各々必要な飼育要素は異なりますが、基本的な仕組みと材料について紹介していきましょう。その後は、あなたの想像力と工夫次第。植物や動物と相談しながら、自由に飼育環境を構築してみてください。

ケース

◎自然通気式ケース

カエル飼育に最も向いたガラス製のケースで、水を排泄できるパイプを取り付けたり、ミスティングノズル用の穴が空いているタイプも専門店で入手できます。天井部分の一部と前面の一部がメッシュ状となっており、気温が高まると上昇気流が発生して、上から暖かい空気が出ていく構造です。前面がスライド式の扉なので、メンテナンスも行いやすい点もメリット。

自然通気式ケース　　　　　　　　観賞魚用ガラス水槽

赤玉土（小粒）。右半分は濡れた状態　　軽石。右半分は濡れた状態　　黒土。右半分は濡れた状態

荒木田土。右半分は濡れた状態　　腐葉土。右半分は濡れた状態　　ピートモス。右半分は濡れた状態

◎爬虫類用ケース

　以前は、観賞魚用の水槽が多く流用されていましたが、近年では爬虫・両生類のための専用ケースが各メーカーから販売されています。通気性を考慮して網蓋や側面がメッシュ状となっていたり、スライド式もしくは観音開きタイプなど、使い勝手は良いです。サイズや形状もメーカーによりさまざまなので、好きなものを選ぶと良いでしょう。パルダリウム用ケースも使い勝手の良い製品です。植物のみであれば上方が開けたオープンタイプでもかまいませんが、生き物を入れる際は一部がメッシュ状で、前面がスライド式扉のタイプを選びましょう。

◎水槽

　ガラス水槽は傷がつきにくい反面、重量が重く、アクリル水槽はやや軽いものの傷がつきやすいことが特徴です。観賞面からガラス水槽が多く使われています。また、通気性が低いので、蓋はガラス製のものではなく、網蓋を使い、必要に応じてビニールで半分ほど覆うなどして湿度を調整しましょう。専門店では、水槽の上にかさ上げするタイプの木枠で側面がメッシュ状となっている製品もあります。

発泡煉石（小粒）

セラミス・グラニュー。右半分は濡れた状態

けと土。右半分は濡れた状態

餌昆虫が逃げないような目の大きさのメッシュ（専用ケース）

ナミブサンド（爬虫類用の砂）。右半分は濡れた状態

くん炭。右半分は濡れた状態

◎プラケース

単独飼育する種、ツノガエルなどでよく使われるケースです。他に、ビバリウム全体を掃除する際など一時的に収容するケースとしても使えるので、常備しておくと便利。

◎食品保存容器

小さな穴を空ければ、高い湿度を保ちやすい容器。主に仔ガエルの育成などで使われています。加工もしやすく安価で入手しやすい反面、環境の悪化も速いのでベテラン向きのケースです。

◎その他

自作ケースは、自分の飼育スペースに合ったサイズのものや思い描いたビバリウムを再現できる環境を、あなたの工夫次第で自由につくることができます。

土（床材）

土を敷くことで、排泄物や植物の枯れ葉などを分解してくれるバクテリアの住処をビバリウムに提供することになります。また、土は植物が根を張る場所でもあり、温度の急変をやわらげる効果も。水を含むので、湿度の保持にもなるでしょう。このように土を入れると、さまざまなメリットがありますが、一番の理由はビバリウムの大掃除をする間隔を長くできるということ。飼育者にとって世話がラクになるという意味ではなく、掃除のたびに移動させられる動物のストレスを軽減するためです。

土や砂に潜る習性がある生き物の場合、床材はシェルターの役目を、樹上棲の生き物では、枝の上から飛び降りた際、衝撃をやわらげるクッションともなります。最下層に軽石を敷けば、水はけが良くなり、植物を植えている場合、根に酸素が渡りやすくなります。

◎赤玉土

園芸の世界でも最もポピュラーな土。肥料が含まれていないので、ビバリウムにもお薦め。小粒や中粒などの各サイズが揃います。

◎けと土

苔玉などで使われる黒く粘土のような土。固定したり、接着剤のような使いかたで。

◎荒木田土

ビオトープなどで使われることの多い土で、園芸店などで市販されています。やや粘り気があります。

◎ヤシガラ土

爬虫類飼育で多く使われるヤシの繊維を粉砕したもの。

カエルの池とマダラヤドクガエル

◎セラミス・グラニュー

　園芸用の粘土を焼成した土。鉢底穴のない容器で使われているものです。誤飲を考慮し、カエルには使わないこと。バックのコルク板などに接着するような使用法で。

◎軽石

　最下層に敷いて水はけを向上させます。誤飲を考慮し、カエルには使わないこと。

◎発泡煉石

　ハイドロボールなど。多孔質でハイドロカルチャーで使われるもの。

【土の種類と特徴】

	通気性	保水性
赤玉土	★★★	★★★
鹿沼土	★★★	★★
軽石	★★★	★
水苔	★★★	★★★
腐葉土	★★★	★★
ピートモス	★★★	★★★
バーミキュライト	★★	★★★

植物

　飼育環境づくりに役立つ植物は、ぜひ入れたい要素。特に、熱帯雨林や草原などに棲む爬虫類・両生類は、植物と密接に関わって暮らしています。植物を棲み家とするもの、隠れ家とするもの、繁殖に利用するもの、枝や葉を道とするものなどさまざまです。

　植物をレイアウトすることで、飼育環境の雰囲気もぐっとアップします。土を入れたビバリウムには排泄物や落ち葉などを分解する土壌バクテリアが棲みついていますが、その分解物を、植物は根から栄養として吸収する役割もあります。植物を飼育環境に取り入れることはさまざまな利点があるのです。

　植物を選ぶ際は、各々の飼育環境によって異なります。砂漠のような環境に、乾燥に弱い植物は向いていません。また、飼育環境によって光の強さも違うので、湿度や光量を考えて選ぶとベター。ただし、同じような環境のビバリウムでもうまく生長することもあれば、枯れてしまうこともあります。ビバリウムの環境設定が同じでも、広いケースなどでは植える場所によって多少の湿度や光量に差が出てくるだろうし、導入時の植物の状態にも左右されることでしょう。好きな植物を選び、いろいろ試してみてください。

　レイアウトする際、植物は鉢から出してビバリウムの土に直接植えたほうが良いです。鉢の土に農薬が含まれているかもしれないので、なるべく土を落とし、根を傷めないようにしてすみやかに植え込みます。先述したようにバクテリアの分解物を吸収してくれるという理由からですが、場合によっては鉢ごと入れても全く植物のないビバリウムよりは良い方法です。エアープランツと呼ばれるチランジアなどは、枝から吊るしたり、置いたりすることもできます。

　最も広く使われている植物の1つに、ポトスが挙げられます。固めで葉幅の広いツル状の植物で、丈夫なうえに生長も速く、適応する環境も幅広く

て使いやすいです。アカメアマガエルなどが休む場所としても良いでしょう。テーブルヤシやパキラ、ガジュマル、スパティフィラムなど、観葉植物またはハイドロカルチャーとして売られている植物のほとんどは、ビバリウムで使いやすい植物。

ネオレゲリアやフリーセアなどロゼット型のブロメリアは、ヤドクガエルをはじめとした多くの小型から中型のカエルのビバリウムで使われています。エキゾチックで、ブロメリアばかり集めている人もいるほど魅力的。1株だけでも存在感は抜群です。ほとんどが着生植物で、北米大陸南部から中米、南米大陸南部まで分布しています。ティランジアは、銀葉種とタンクブロメリアなどの緑葉種の2つに分けられます。銀葉種は昼夜の温度差のはげしい場所に生えていて、CAM型光合成という乾燥した気温の高い日中に光合成を行い、夜間になると気孔を開いて呼吸をし二酸化炭素を取り入れるタイプの植物です。水やりは消灯後に行うこと。

地面を這うような植物としては、ヘデラやプミラなどがよく使われています。苔の仲間では、熱帯魚店などで広く市販されているウィローモスが水場付近などで生長しやすく、苔では、シノブゴケなども比較的丈夫な植物として挙げられます。

いずれにしても、通気性は高いほうが好結果が得られることが多いです。また、枯れる原因の1つに光量不足が挙げられるので、それが疑われる場合は、ビバリウム内でもたとえば流木の陰などではなく明るい場所に置く、照明器具のランクを上げるといった対処をしましょう。過湿にも注意。

伸び過ぎた植物は剪定します。ポトスは切っても脇芽が伸びてきてどんどん殖えます。なお、いつの間にかキノコが生えてきたり、シダが茂ることもあります。そのままにしておいてもかまいません。むしろ、雰囲気がアップするという理由で、胞子のあるシダの葉を取ってくる人もいます。

同じように植物を2種植え込んだビバリウムが2本。時間が経過すると、何らかの条件が違うのでしょうか、左と右のケースで生長する植物が異なった状況に

水場は必須。乾燥した飼育環境でも、小さな水容器を設置します

手前のメッシュボードまで進出した苔。生長条件が良いとこんな状況に

ビバリウム内に雑草が生えることも。気になる人はトリミングしましょう

メタルハライドライト。太陽光に近い波長を放出します

昆虫飼育用に市販されている樹皮。シェルターや雰囲気づくりに役立ちます

ブラジルパラナッツ。実際にヤドクガエルは生息地でこの中に産卵しています

スレート石と炭片などでつくったシェルターの例。立体活動の場にも

穴の空いた流木。メインの流木としても使えます。カエルがシェルターにすることも

水

　水の大切さついては冒頭で紹介しました。繰り返しますが、熱帯雨林であれ、砂漠の生き物であれ、水は必須。水容器を設置すると共に、さまざまな形で飲み水を補給させます。カエルは口から飲むようなことはせず、皮膚や総排泄孔からも水分を吸収するので、池をつくり、常に清潔な水をたたえておくようにします。樹上棲のトカゲは、ただ水容器を置いただけでは飲んでくれないことも多く、霧吹きやミスティング、ドリップ式で「水を動かす」ことで飲ませる方法もあります。

　ビバリウムへの給水は、霧やスコールを再現したり、雨の代わりとなります。霧吹きやミスティングシステムのほか、観賞魚用の外部式フィルターを使って、シャワーを流す、もしくは、水中ポンプで揚水することで、ビバリウムに潤いをもたらすなどのやりかたが知られています。自然通気式ケースや、水槽を加工して排水口を設ければ、汚れた水が戻ってくることもなく、どんどん新しい水を供給できるので、現在は最良のやりかたといえるでしょう。次に、良いのはオーバーフロー式。容量が大きく水が劣化しにくいです。これが難しい場合は、水を循環させて、一度濾過するやりかた。ビバリウム内に水中濾過器やポンプで揚水して流し、汚れた水はまた濾過フィルターを通って供給します。水量を多めにし、生物濾過を高めるため床材は厚めにしておくとベター。ポンプが揚水できる最低水位は製品によって異なるので、確認してから導入すること。外部式フィルターは掃除がラクですが、こちらも作動する水位を確認しておきます。生き物の要求する湿度がよくわからない時は、ビバリウム内に湿度の勾配をつくるとよいでしょう。ウェットシェルターの設置も手。生き物に好きな場所を選ばせ、行動の様子から好きな湿度を読み取ります。なお、乾燥した環境で、植物も入れず、排泄量の少ない小型の生き物を飼う場合はこの限りではありません。

穴から顔を覗かせるシルバティクスヤドクガエル。シェルターは複数用意しましょう

陶器の皿。水場、餌場に。内側がつるつるしているものは餌が潜れないので便利ですが、ヤドクガエルの小さな個体などは登れなくなることもあるので注意

爬虫類・両生類飼育用の温湿度計。キスゴムでケース内に取り付けが行えて使いやすいです

サーモチェッカーペン。物に触れずに測定でき、温度測定に便利な製品

液晶表示の爬虫類・両生類専用サーモスタット。照明器具・保温器具に接続して温度管理を行います

照明

　爬虫類・両生類には、夜行性と昼行性のものがいます。暗くなるとシェルターから餌を探しに出てくる夜行性の種は、ずっと明るい環境だとなかなか外に出てくることができず、結果、痩せて死んでしまうケースもあります。ですから、自然界と同じように、照明器具はきちんと点灯・消灯を繰り返し、ビバリウムの生活リズムを整えることが必要です。ベテラン飼育者の中には、自分の職業柄、夜間にしか世話できないなどの理由から昼夜逆転させていたり、日照時間に年間で差を付けることでより生息地の状況に近づけようと努力している愛好家もいます。

　照明器具として使えるものは、紫外線の含まれているものと含まれていないものがあります。観賞魚用の蛍光管は比較的安価で広く売られていますが、紫外線を含む波長ではありません。一方、爬虫類用の蛍光管には含まれる紫外線の強さの異なるタイプが各メーカーから市販されています。それ以外では、メタルハライドライトなどが流通しており、どれを選ぶかは、飼育者の好みと予算、ビバリウムの環境設定、生き物の要求する紫外線量などで決めると良いでしょう。おおまかに言うなら、昼間活動する種類には爬虫類用蛍光管を、両生類には観賞魚用蛍光管を選びます。また、多くのヘビやヤモリは夜行性なので、通常は爬虫類用蛍光管は不要です。

保温器具

　冬場の寒い時期は、保温器具の設置もしくは部屋全体をエアコンで管理します。シートヒーターはケージの床や側面に貼ることができる便利なもの。爬虫類・両生類用保温球なども挙げられます。いずれもサーモスタットで管理すると共に、温度計や湿度計で日々、数値で確認しておく癖をつけると失敗が少ないです。

シェルター

市販の製品のほか、流木や枝、ブラジルパラナッツ、植木鉢、木の葉、筒状のコルクなどが利用できます。素焼きのウェットシェルターは穴の部分に水を入れておくと内部の湿度が高くなり、とても使い勝手の良い製品で、爬虫類・両生類の飼育シーンでよく使われています。

その他

コルクボードや炭化コルク板はノコギリで切断でき、背面などにシリコンで接着して使います。筒状のものは、シェルターとしても。ヘゴ棒、ヘゴ板は形状からもわかるように通気性が高いうえに、保水力の高い素材。窪みに水苔を詰めて、そこに植物を紐で植え付け壁にかけることもできます。ポトスやフィロデンドロン、ヘデラなどのほか、シダなどが向いています。

◎流木

熱帯魚店などでさまざまな形状のものが市販されています。枝流木などは雰囲気があります。いくつかを組み合わせてシェルターをつくったり、流木をレイアウトのメインアイテムにして構図を考えてみるのも楽しいでしょう。河原などで拾ってくることもできます。

◎石、岩

生息地の写真などを参考に選ぶと雰囲気が出ます。組み合わせればシェルターの代わりにも。溶岩石など多孔質のものは、バクテリアの土壌にもなりやすく、苔などを活着させやすいです。木化石などをメインアイテムにするやりかたもあります。小石などを配する際は、置いていくよりもば

葉の上のイチゴヤドクガエル（パナマ）。森縁の開けた場所で見つけたもの

落ち葉。レイアウトする際はばらまくようにすると自然な感じに

メスが産卵した卵に給水するセマダラヤドクガエルのオス

コルク。湾曲しているものはシェルターやレイアウトに便利

らまくようにすると自然な感じに。また、岩組みは砂や土を敷く前に。川の流れを再現する際は、実際に近くの川に行って観察してみましょう。川の中の石と間の流れ、周囲の植物…。構図の参考になるはずです。

◎ **構図と工夫**

何本もビバリウムをつくった経験のある愛好家などは、植物の特性をうまく利用して、半年、1年後の姿を思い浮かべながらレイアウトします。構図などに特に決まりごとはありません。失敗を恐れず、いろいろ試してみましょう。以下は参考までに。

・奥に背の高い植物、手前に低い植物を入れるやりかたが水草水槽などでもよく使われる手法
・手前の一部に大きな植物を配すると遠近感が生まれます
・池の場所を地面ではなく高い位置に
・ビバリウムの周囲にも大きな植物の鉢を置き、飼育スペース全体をジャングルに
・地面を這うタイプの植物をコルクや流木にうまく活着させる
・存在感のある大きな植物を中央に置いた凸型の配置
・逆にオープンスペースを中央に設けた、凹型の配置で
・大きな植物の対極に小さな植物をいくつかまとめて配置すると動きのある構図に
・赤いブロメリアを際立たせるために周囲に緑の植物を置くなど色のコントラストを意識して
・高さのあるビバリウムでは天井から鉢ごと吊るして下に垂らす（水やりをまめに）
・スレート石を重ねて階層をつくり、立体的に

コルク板。ケースの背面などに。ノコギリで切って合わせます

炭化コルク。圧縮されたコルク板で、色はダークブラウン

ヘゴ片。ヘゴ棒やヘゴ板が園芸店などで入手可能です

熱帯魚店などにはさまざまな形状の流木が並んでいます

枝。公園などで剪定されたものを貰うと良いでしょう

カクタススケルトン。通気性も高くシェルターとして重宝します

スレート石。積み重ねて階層をつくったり、立て掛けて使用

木化石。1つ置いただけでも全体の雰囲気が変わるアイテムです

溶岩石。小さな穴がたくさん空いています。岩状のものもあります

カエル用の小さな炭片。水入れに入れておくと浄化作用も期待できます

炭は地形づくりや植物の根の回りに置いたりと使いかたは工夫次第で

炭に生えた苔。湿度が高く通気性の良い環境では炭が苔に覆われることも

竹が素材のピンセット。給餌用、メンテナンス用と分けて使いましょう

コンパクトサイズの霧吹き。容量が大きいほど使いやすいです

ビニタイ。園芸店などで入手できます。植物や枝の固定に便利なグッズ

1,2 造形君。天然素材のみでつくられた造形材で、ビバリウムではよく使われている製品

3 水を含ませてよくこねます。あとはぺたぺたと塗り付けていくだけ。ガラスやアクリル、プラスティック面でも付けられます。霧吹き程度では崩れません。流木や鉢を覆えば苔の活着も可

4 こちらは植えれる君。吸収性に優れた植栽用フォームで、ビバリウムに最適な製品。造形君の下地などに使います

5 水分を含ませると色が落ち着きます。カッターで加工するのも、手でちぎるのも簡単。穴をあけて洞窟もつくることが可能

6 植えれる君を好みの形状に加工したら、造形君を塗り付けてゆきます

7 水分の届きにくい場所まで湿気を運んでくれるので、さまざまな場所に植栽できたり、複雑な地形も自由に形成できます

ビバリウムでの爬虫類・両生類飼育

爬虫類・両生類を飼育するにあたって、ビバリウムでの環境づくりとそれに合わせた種類を紹介してきました。また、数々の作例は参考になるようなヒントがたくさんあります。飼育する種類や、用意できるスペースなどに応じて、自分に合った方法をつくり上げてください。以下では、その捕捉として、飼育環境づくり以外の部分、給餌や繁殖などについて紹介します。さらに詳しい飼育情報については各種ごとの専門書なども参照頂ければ幸いです。

ヤドクガエルの飼育

◎飼育環境のつくり方

本書でたくさんの作例を紹介したので、基本事項のおさらいから。

①**植物**：隠れ家や産卵、幼生の住処として。また、植物は土壌バクテリアが分解してくれた排泄物を栄養分として吸収してくれます。

②**土**：赤玉土やヤシガラ土など、肥料の入っていないものを敷きます。バクテリアの住処となり、植物が根を張る役目もあります。土中内の水はけを良くするために、最下層には軽石を敷くと良いでしょう。腐葉土は、排泄口のあるケースであればトビムシなどが発生してお薦めできますが、水が排泄されないタイプではわざわざ土壌バクテリアの仕事を増やすだけのようなもの。あまり推奨できません。

③**気温**：ヤドクガエルは中南米の熱帯雨林に棲む

カエルですが、日本の暑い夏は苦手です。高温時にはエアコンを稼動させたり、ファンで送風する、霧吹きの回数を増やすなどの対処が必要です。温度と湿度は、温湿度計を設置して数値で確認することも大切。目安は昼間27℃、夜間は20℃。逆に冬場はシートヒーターや飼育部屋を丸ごとエアコンで温度調整します。ただし、エアコンを稼動させる時や冬場はどうしても乾燥気味になるので、湿度のチェックは怠らずに。

④湿度：霧吹きやミスティングシステムを使って、ビバリウムに雨を降らせます。注意点としては、寒い時期にいきなり冷たい水で霧吹きを行わないこと。くみ置きした25℃程度の水を雨として注ぎます。湿度の目安は70％以上。最も理想的な水の流れは、霧吹きもしくはミスティングシステムで常に新しい水を供給し、汚れた水は排水口からビバリウムの外へ流してしまうこと。それができない場合は、水を循環させ、途中に外部フィルターや水中フィルター、オーバーフロー方式などで濾過を行うやりかたです。

「蒸れは禁物」とよく言われます。気温が高まると、水分が蒸発していきます。自然界では風があるので、どんどん水蒸気は拡散していきますが、ビバリウムでは湿度がどんどん高まり蒸発ができないくらいになることも。そういった状態が蒸れた状態です。蒸れはカエルにも植物にも良くありません（人間だってとても息苦しいです）。風が吹いていればどんどん蒸発できるので、ファンで送風するなり、大きなケースにすると良いのです。

なお、霧吹きの回数は一日2回以上で行います。
⑤水：水皿やカエル用の池などを設置して、水場を用意します。カエルは皮膚から水分を補給するため、常に新鮮な水があるようにしておきましょう。ヤドクガエルの生息環境には、必ず水がそばにあります。
⑥光：ビバリウムに太陽の光に代わって、照明器具で光を注ぎます。規則正しい点灯時間で、カエルの生活リズムを整えるわけです。また、植物にとっても光は大切。光がなければ光合成ができず、枯れてしまい、結果、ビバリウムが汚れるだけと

イミテーターヤドクガエル

フタホシコオロギの幼体

いう結末になってしまいます。カエルの排泄物を土壌バクテリアが分解し、それを栄養として根から吸収できるよう、照明器具は設置してください。一日12時間程度を目安に点灯すると良いでしょう。

◎給餌

餌は基本的に毎日与えます。小さな昆虫であれば、必ずしもショウジョウバエを殖やさなくてもかまいません。現在の主流は、ゴマ粒大のコオロギの幼体。小さな虫を追いかけてハンティングする様子は小さい体ですが、とてもダイナミックで野生を感じさせられます。餌の大きさの目安は種によって異なります。かつてデンドロバテス属とされていた種は、舌を伸ばして捕食するので、体の大きさのわりに小さな餌しか食べることができませ

ベネディクタヤドクガエル

トランカタスヤドクガエル

キオビヤドクガエル

ん。エピペドバテス属とフィロバテス属は、直接口を開いて餌をくわえます。大型のテリビリスフキヤガエルなどは7mmのイエコオロギくらい楽々と口に入れてしまうほどです（小さめをたくさん与えたほうがベター）。コオロギを与える際は、ヤドクガエルに使う前にストックの段階で十分に栄養を与え、栄養満点の餌にしておくこともポイントです。

◎その他

ショウジョウバエのイメージが強かったせいか、ビバリウムでのヤドクガエル飼育は、難しいとか手間がかかるイメージを持っている人がいます。実は、カエルの中でも、ヤドクガエルの飼育方法は最も確立されていて、国内外で数多くの繁殖例があります。そういった意味では、ヤドクガエルはむしろ初心者向きで、飼いやすいグループ。また、多くのカエルは昼間は寝ていて暗くなると目を覚まし、活動を開始するという夜行性であるのに対し、ヤドクガエルは昼行性というのも飼育種として大きな魅力。アカメアマガエルの強烈な赤い目に惹かれて飼っても、姿を見ることができるのはたいてい消灯後のこと。本来、強力な毒を皮膚に持ち周囲にそれを知らせる（警告色）派手な配色のヤドクガエルは自信満々なのか、もしくは明るいうちに周囲に自分が危険な生き物だと知らせるためなのか、昼間でも堂々と動き回ってくれます。ビバリウムにおいても同様なので、観察する機会も多く、とても楽しいです。なお、現在流通するヤドクガエルはほとんどが飼育下繁殖個体のため、毒はなく、素手で触れたとしても平気です。ヤドクガエルはカエルの中でも、最も社会性の発達した仲間ともいえます。餌を食べ、成長し、鳴き、テリトリー争いをするだけでなく、時には相撲のようにオス同士が取っ組み合うことも。繁殖行動は有名で、ブロメリアの水たまりに産卵して、親は自分の背に幼生を乗せたり、種類によっては小さな水たまりを行き来してそこにいる自分の仔（オタマジャクシ）に無精卵を与えて育てる（エッグフィーダー）ものもいます。

樹上棲のカエルの飼育

◎飼育環境づくり

基本的なセッティングはヤドクガエルに準じます。ただし、乾いた場所を設けたり、通気性を確保すること。特に、熱帯雨林ではなく、比較的乾燥した草原などに暮らす種、たとえばソバージュネコメガエルなどは湿度は低めに設定しましょう。アカメアマガエルやクサガエルの仲間は、昼間はじっと葉の上や植物の隙間などで体を折り畳んでじっと休みます。ポトスなどを入れて、休める場所をつくってあげましょう。ネコメガエルの中型から大型の種は、張りつくようなことはせず、枝の上で休みます。水平方向に太めの枝を渡し、そこを休憩場所にします。跳躍力の強い種類はなるべく広いケースで。植物をたくさん植え込むとカエルも落ち着きやすいです。

◎給餌

コオロギの各サイズに、栄養剤をまぶして与えます。内側が滑らかで脚を折ったコオロギが脱出できないような陶器の皿などは、餌容器として広く使われています。イエアメガエルなどはピンセットから食べることもあります。

◎その他

水棲傾向の高い種、コケガエルやキンスジアメガエルなどは水場の面積を広くするなどして環境づくりをします。

地上棲のカエルの飼育

◎飼育環境づくり

さまざまな環境に暮らしているので、生息地に合わせたビバリウムを用意します。ベニモンフキヤガマやアデガエルの仲間はヤドクガエルに準じます。わりと乾いた草原などで暮らすアメリカミドリヒキガエルやナンブヒキガエル、モモアカアルキガエル、コガタナゾガエル、ベルツノガエルなどはミスティングシステムやまめな霧吹きをせず、一日に1、2回、軽く霧を噴いてやれば良いでしょう。素焼きのシェルターなども設置します。ケースは床面積の広いものが向いています。土に潜る傾向のあるヒトヅラオオバガエルやアメフクラガエル、スキアシヒメガエルの仲間などは厚めに敷いてあげましょう。このグループは、土中がシェルターの役目を果たします。床材も湿らせた場所と乾いた場所を設け、カエルに好きなところへ潜ってもらうようにすると良いでしょう。

◎給餌

基本的にはコオロギを与えます。口の大きさを

葉の上で休むニホンアマガエル

フタイロネコメガエル（幼体）

ヒトヅラオオバガエル。やや威嚇気味

目安に。日中は姿が見えないのに餌を与えても食べてくれないことが多いです。活動を始めるのは夜ですから、消灯前に餌皿にコオロギを放しておくと、朝になくなっているはずです。ベルツノガエルはたいへん貪欲で動くものに敏感に反応して襲いかかります。ピンクマウスなどを与えることもできますが、太り過ぎには注意しましょう。

◎その他
　ミツヅノコノハガエルは落ち葉に擬態していて、ビバリウムに落ち葉を入れると紛れてわかりにくくなりますが、カエルにとっては落ち着くようです。落ち葉は小型の種ではシェルターともなります。必要に応じて入れてあげましょう。

イモリ／サンショウウオの飼育

◎飼育環境づくり
　ファイアサラマンダーのようにほぼ地上生活を送る種や、クシイモリなど繁殖期のみ水中形態に変身するものもいます。カエルほど動きは活発ではありません。小型のプラケースに土を入れて、シェルターを設置する程度の簡単なものでも飼育可能。ただし、植物を植え込めば掃除の回数を減らすことができるでしょう。日本のアカハライモリは水棲傾向が高いので、広い水場もしくはアクアテラリウムで飼うと良いです。水への依存度がより高くなります。水は清潔な状態を保つように。ケースの角を伝って上に登るなど脱走してしまったというケースもよく耳にします。網蓋は忘れずに設置してください。

◎給餌
　アカハライモリは人工餌を食べてくれるほか、冷凍アカムシなども食べます。ファイアサラマンダーにはコオロギを与えます。

◎その他
　アカハライモリなど半水棲種は水場と陸場の両方でレイアウトを楽しめます。ポトスなどが使い勝手が良く、両方の場で使えます。

カメレオンと樹上棲トカゲの飼育

◎飼育環境づくり

　カメレオンはほとんどを木の上で過ごし、枝や植物が彼らにとって道となります。水平方向にさまざまな高さで枝を渡すと共に、日光浴用の紫外線を含む波長の蛍光管（弱めのもの）とスポットライトを照射すること。じっと観察しているとカメレオンは、ストレスに感じてしまいます。観察やハンドリングは程々にしましょう。植物はカメレオンが掴むような場所だと爪で穴を空けてしまいます。丈夫なポトスなどが向いています。緑の葉に擬態している種類がほとんどなので、やはり緑主体に多くの植物を配置すると周囲に溶け込み、落ち着きやすいです。地表で生活するカレハカメレオンとヒメカメレオンはヤドクガエルの飼育環境に準じます（ミスティングはしなくてもよいです）。なお、飲み水はドリップか霧吹きで葉に滴を付けて動きをつけないと認識できないことが多いです。モリドラゴンも同様ですが、枝は太めのものを垂直方向にセットすることが基本。太い幹に縦に止まっていることが好きな仲間です。丸太のような太い流木を立てるように置くと、裏側に回り込むことでシェルターの代わりとなります。

◎給餌

　コオロギのほか、ミルワームやシルクワーム、ハニーワームを与えます。動きや色に敏感なので、

ヒゲカレハカメレオン。林床に暮らす小型のカメレオンで、ビバリウム向けのトカゲです。

枝を伝うように移動するジャクソンカメレオン

ペッテルズカメレオン

クビワトカゲのビバリウム

カータートゲオヤモリ

チワワトカゲモドキ

オオヨロイトカゲ

手前の枝を歩かせたり、栄養剤で真っ白にしてみたりするなどの工夫が必要になることも。舌を伸ばして捕食する瞬間は、他の爬虫類にはない独特の行動で、ハンティングの瞬間はとても興味深いです。慣れればピンセットから食べるようになるものもいます。

◎その他

ビバリウムでカレハカメレオンを数匹飼っていると、いつの間にか卵を産んでいて、ある日、気がついたら小さな幼体がいたということがよくあります。野生の下の林床並みに小型の餌昆虫がたくさん湧いて入れば勝手に育ってくれるはずなので、腐葉土を入れた水槽にワラジムシをあらかじめ放しておいたり、トビムシが繁殖しているような状態にすると育つかもしれません。

地上棲トカゲの飼育

◎飼育環境づくり

ケースは床面積もある程度広いものを用意します。乾燥地または砂漠に棲むものには、砂を厚めに敷き、シェルターを必ず設置すること。ホットスポットは高温を好むことが多く、爬虫類用蛍光管も強力なタイプを設置します。その際、必ず逃げられるような場所を併設することがポイント。さまざまな環境に暮らしているので、種に合わせた生息環境を用意します。

◎給餌

カメレオンに準じ、基本は餌用昆虫を与えます。餌食いの良い種が多く、餌で困るようなことは少ないです。

ヒョウモントカゲモドキの飼育

◎飼育環境づくり

　爬虫類の中で最も人気の高いヒョウモントカゲモドキ。レオパという愛称のほうが有名かもしれません。英名のレオパードゲッコーを略した呼称で、さまざまな品種が市場にリリースされています。ビギナー向けで餌食いも良く、頑健。飼育下で繁殖も楽しめる爬虫類です。通常は、小型ケースにキッチンペーパーなどを床材にし、シェルターと倒されないような水入れを設置する程度の至ってシンプルな飼育環境。ですが、本来の彼らの生息場所である、乾燥した中近東の岩場や砂礫地帯を模したビバリウムで飼うというのも楽しいでしょう。

　飼育ケースは少し広めのものを選び、床材は細かな砂や赤玉土が向いています。簡単な岩組みをしてそこをシェルターとしてもいいし、市販の義岩シェルターも便利です。水場も岩を模したような水皿が市販されていて、雰囲気づくりに役立ちます。植物を植えるなら、乾燥と高温に強い多肉植物で。周囲を岩で覆うなどなるべく痛まないよう工夫するとベター。

◎給餌

　以前はコオロギが利用されていましたが、近年、人工餌も開発されました。レオパゲルやグラブパイなどで、それに餌付いているレオパであれば人工フードのみで飼育できます。ただし、餌を食べなくなったりすることもあるので、コオロギも準備できるように意識してください。レオパゲルはやや粘着性が高いので、ピンセットで適量を摘んで与える場合は、砂や土の上ではなく、平たい石の上を餌場とすると良いでしょう。

トレンパーアルビノ

タンジェリン

ビバリウムを見ることができる・水族館＆爬虫・両生類専門店

■ 体感型動物園 iZoo（イズー）
住所　静岡県賀茂郡河津町浜406-2
電話　0558-34-0003
営業時間　9:00～17:00
　※最終入園は16:30（年中無休）
HP　http://www.izoo.co.jp

■ あわしまマリンパーク
住所　静岡県沼津市内浦重寺186
電話　055-941-3126
開園時間　9:30～17:00
※入園は15:30まで。休園情報などはホームページ上にて
HP　http://www.marinepark.jp/

■ 鳥羽水族館
住所　三重県鳥羽市鳥羽3-3-6
電話　0599-25-2555
開館時間　9:00～17:00
　　　　　8:30～17:30（7月20日～8月31日）年中無休
※入館は閉館時間の1時間前まで
HP　http://www.aquarium.co.jp/

■ サンシャイン国際水族館
住所　東京都豊島区東池袋3-1-3
　　　　サンシャインシティワールドインポートマートビル屋上
電話　03-3989-3466
10:00～21:00／10:00～18:00（9/25～3/20）
※入館は終了1時間前まで
HP　http://www.sunshinecity.co.jp/aquarium/

■ 大分マリーンパレス水族館「うみたまご」
住所　大分県大分市神崎字ウト3078番地の22
電話　097-534-1010
開館時間　9:00～18:00（3～10月）
　　　　　9:00～17:00（11～2月）
※休館日　不定休（メンテナンスのため年2日程度）
HP　http://www.umitamago.jp/

■ ワイルドスカイ
住所　東京都江戸川区西葛西3-7-11
電話　03-5667-7153
営業時間　12:00～19:00
　　　　　（木金定休／ホームページで確認のこと）
※年末年始は休業
HP　http://www.wildsky.net/

■ 爬虫類倶楽部
住所　埼玉県さいたま市大宮区北袋町1-124-3
　　　　USプラントビル1F（大宮店）
　　　　東京都中野区中野6-15-13 尚美堂ビル（中野店）
電話　048-658-2888（大宮店）／03-3227-5122（中野店）
営業時間　14:00～21:00（火～土）／12:00～20:00（日）
※中野店は木曜定休、大宮店は月・木定休
HP　http://www.hachikura.com/

■ アクアセノーテ
住所　東京都豊島区池袋2-23-3 橘ビル1F
電話　03-3985-6884
営業時間　12:00～21:00（月曜定休）
blog　http://blogs.yahoo.co.jp/aquacenote

■ レプタイルストア ガラパゴス
住所　東京都文京区本駒込 5-41-5-101
HP　http://www.reptilestoregalapagos.com
メールアドレス　info@reptilestoregalapagos.com
※営業日などは事前にホームページを確認のこと

■ 名東水園リミックス ペポニ 名古屋インター店
住所　愛知県長久手市熊田506
電話　0561-65-5792（爬虫類、小動物）
営業時間　12:00～20:00（平日）
　　　　　10:00～20:00（土日祝）
HP　http://remix-net.co.jp

■ 名東水園リミックス mozo ワンダーシティ店
住所　愛知県名古屋市西区二方町40番地
　　　　mozoワンダーシティ3Fペットスクエア内
電話　052-938-8241
営業時間　10:00～21:00
HP　http://remix-net.co.jp

■ しろくろ生き物部W&B
住所　和歌山県古座川町明神237
電話　0735-78-0002
営業時間　10:00～17:00（土日営業）
※その他の営業時間・問い合わせは090-5658-3901まで確認のこと
HP　https://www.hotorimall.com/shirokuro

【作例紹介】
あわしまマリンパーク◎40-45p／21p
鳥羽水族館◎46-47p
サンシャイン国際水族館◎48-49p
大分マリーンパレス水族館「うみたまご」◎51p
アクアノーテ◎45p／49p
爬虫類倶楽部◎49-50p／54-55p／21p
名東水園 リミックス mozoワンダーシティ店◎55-56p・68p（上）／
　8-13p（製作手順）
名東水園 リミックス ペポニ 名古屋インター店◎73p
カフェ リトルズー◎71p・76-79p
しろくろ生き物部W&B◎68p（下／ぼたん荘にて展示）
Exotic Cafe MOO◎69p
ワイルドスカイ◎50-51p／8-14p（製作手順）
レプタイルストア ガラパゴス◎ 22-31p（製作手順）
※上記他、たくさんの愛好家の方々のご協力を頂きました。

監修者プロフィール

松園　純（Jun Matsuzono）

　1957年生まれ。カエルとエキゾチックプランツの専門店「ワイルドスカイ」（http://www.wildsky.net/）店主。日本中の飼育下のカエルを幸せにすることが使命。特にヤドクガエルとブロメリアに情熱を傾け、本格的なビバリウムを紹介している。著書に『爬虫・両生類ビジュアルガイド ヤドクガエル／誠文堂新光社』『爬虫・両生類飼育ガイド カエル／誠文堂新光社』『爬虫・両生類ビギナーズガイド カエル／誠文堂新光社』『ビバリウムの本／文一総合出版』がある。ブログ（http://wildsky.livedoor.biz/）。

STUFF

監修／松園　純（まつぞの じゅん）　Jun Matsuzono

著・写真／川添宣広（かわぞえ のぶひろ）　Nobuhiro Kawazoe

デザイン・イラスト／freedom

協力

アクアセノーテ、aLiVe、あわしまマリンパーク、ESP、Exotic Cafe MOO、iZoo、遠藤元也、エンドレスゾーン、オリュザ、カフェ リトルズー、亀太郎、キャンドル、クリーパー社、クレイジーゲノ、国島洋、桑原佑介、櫻井トレーディング、ザ・パラダイス、清水秀男、しろくろ生き物部 W&B、杉山伸、高田爬虫類研究所沖縄分室、ディノドン、T&T レプタイルズ、どうぶつ共和国ウォマ+、トコチャンブル、鳥羽水族館、ドリフトウッド、ニュアンス、熱帯倶楽部、爬虫類倶楽部、ハープタイルラバーズ、フィーバー、株式会社ビバリア レップカルジャパン、ビバリウムハウス、プミリオ、ぷりくら市、松之山森の学校キョロロ、マニアックレプタイルズ、八木忠孝、リトルタウン戸田店、リミックス ペポニ、レプタイルショップ、レプタイルストア ガラパゴス、レプティリカス、ワイルドスカイ、ワイルドモンスター、大谷勉、尾崎章、加藤学、キボシ亀男、小家山仁、小林絵美子、寺田彩香、齋藤清美、戸村はるい、永井浩司、Hさん、松村しのぶ、Lars Remke、Hans Von Meerendonk、Eric Wevers、Renate & Bernd Pieper、Ralf Kamp

参考文献

クリーパー（クリーパー社）
ビバリウムの本（文一総合出版）
爬虫・両生類ビジュアルガイド ヤドクガエル（誠文堂新光社）
爬虫・両生類ビジュアルガイド カメレオン（誠文堂新光社）
爬虫・両生類ビジュアルガイド トカゲ①（誠文堂新光社）
爬虫・両生類ビジュアルガイド トカゲ②（誠文堂新光社）
爬虫・両生類ビジュアル大図鑑 1000 種（誠文堂新光社）
爬虫・両生類飼育ガイド カメレオン（誠文堂新光社）
爬虫・両生類飼育ガイド カエル（誠文堂新光社）
爬虫・両生類ビギナーズガイド カエル（誠文堂新光社）
爬虫・両生類ビギナーズガイド イモリ（誠文堂新光社）
原色温室植物図鑑（I）（保育社）
シダハンドブック（文一総合出版）
ワンダフルプランツブック1（メディアファクトリー）
ワンダフルプランツブック2（メディアファクトリー）

生息地の環境からリアルな生態を読み解く

増補改訂 爬虫類・両生類の飼育環境のつくり方　　NDC666.9

2018年4月19日　発　行

著　者　川添宣広
発行者　小川雄一
発行所　株式会社　誠文堂新光社
　　　　〒113-0033 東京都文京区本郷3-3-11
　　　　　　（編集）電話 03-5800-5776
　　　　　　（販売）電話 03-5800-5780
　　　　　　http://www.seibundo-shinkosha.net/

印刷・製本　図書印刷 株式会社

©2018,Nobuhiro Kawazoe.　　　　　　　　　　　　　　Printed in Japan　検印省略

（本書掲載記事の無断転用を禁じます）
落丁、乱丁本はお取り替えいたします。

本書のコピー、スキャン、デジタル化等の無断複製は、著作権法上での例外を除き、禁じられています。本書を代行業者等の第三者に依頼してスキャンやデジタル化することは、たとえ個人や家庭内での利用であっても著作権法上認められません。

[JCOPY] ＜(社)出版者著作権管理機構 委託出版物＞
本書を無断で複製複写（コピー）することは、著作権法上での例外を除き、禁じられています。本書をコピーされる場合は、そのつど事前に、(社)出版者著作権管理機構（電話 03-3513-6969／FAX 03-3513-6979／e-mail:info@jcopy.or.jp）の許諾を得てください。

ISBN978-4-416-61865-3